普通高等院校软件工程专业系列精品教材

软件需求分析

主　编◎屈俊峰

U0341367

北京理工大学出版社
BEIJING INSTITUTE OF TECHNOLOGY PRESS

内 容 简 介

本书是软件需求分析的入门教材，系统地阐述了软件项目的需求开发过程、方法及工具，使读者能够全面掌握软件需求分析的相关基础知识，以及作为一名软件需求分析师所需具备的基本实践能力。

全书共分为10章，各章的顺序按照软件需求分析师所需掌握的内容依次编排，包括绪论（介绍了软件需求分析的发展历史、需求分析的重要性及思维方向）、软件需求概述、软件需求的工作质量、软件需求的合作者、业务需求、需求获取、用户需求、业务规则与非功能需求、软件需求规格说明、需求管理。

本书既可作为高等院校计算机、软件工程、人工智能、大数据等相关专业本科生的教材，也可以供相关领域的专业技术人员参考。

图书在版编目（CIP）数据

软件需求分析 / 屈俊峰主编. --北京：北京理工
大学出版社，2023.5（2023.6 重印）
ISBN 978-7-5763-2382-5

Ⅰ.①软… Ⅱ.①屈… Ⅲ.①软件需求分析 Ⅳ.
①TP311. 521

中国国家版本馆 CIP 数据核字（2023）第 087177 号

出版发行 /	北京理工大学出版社有限责任公司		
社　　址 /	北京市海淀区中关村南大街5号		
邮　　编 /	100081		
电　　话 /	（010）68914775（总编室）		
	（010）82562903（教材售后服务热线）		
	（010）68944723（其他图书服务热线）		
网　　址 /	http：//www.bitpress.com.cn		
经　　销 /	全国各地新华书店		
印　　刷 /	三河市天利华印刷装订有限公司		
开　　本 /	787 毫米×1092 毫米　1/16		
印　　张 /	11.25	责任编辑 /	江　立
字　　数 /	264 千字	文案编辑 /	李　硕
版　　次 /	2023 年 5 月第 1 版　2023 年 6 月第 2 次印刷	责任校对 /	刘亚男
定　　价 /	35.00 元	责任印制 /	李志强

图书出现印装质量问题，请拨打售后服务热线，本社负责调换

F前言
OREWORD

随着社会的发展与进步，软件系统已经渗透到个人生活、组织运营、国家发展、国际合作等各个方面的各个层级。特别是进入 21 世纪以来，伴随着云计算平台、大数据集合、人工智能的发展，软件系统的开发面临着更加复杂的技术问题。在这些技术因素的作用下，开发出来的软件系统如何能够使客户满意，如何能够切合客户需求，这是所有软件工程团队最终关切的目标。这一目标的实现在很大程度上依赖于软件需求分析工作。软件需求分析是启动软件项目后的第一项工作。通过国内外大量的项目实践，人们逐渐认识到软件需求分析的重要性，已经将其视为软件项目中一个重要的独立工作阶段。软件需求分析有时甚至被称为软件需求工程，其为后续的软件工程提供了基础，决定着软件项目的成败。

本书围绕软件需求分析所需要的基础知识和基本实践能力进行介绍，在覆盖软件需求分析的经典方法和技术的同时，融合了现代业务分析技术背景，使整个软件需求分析过程更加符合实际工程环境。软件需求分析课程具有很强的实践性与社会性，本书所介绍的软件需求分析过程都需要结合软件需求分析实践进行理解和掌握。本书通过许多实践例子，持续引导读者进入软件需求分析师的工作思维。

本书供软件工程相关专业的本科生、从事软件工程相关工作的技术人员及对软件需求分析感兴趣的读者使用。建议读者在按顺序学习本书各章内容的同时，能够围绕一个软件需求分析项目逐步体验软件需求分析师的工作过程：首先在较高的层次上定义软件项目的业务需求，然后以业务需求为目标运用各种获取技术捕获用户需求，最后对用户需求进行分析推导出功能需求。整个软件需求分析工作产生的交付物是三份需求文档：项目愿景与范围文档、用户需求文档及软件需求规格说明。

选用本书作为教材的教师可以指导 3~6 名本科生成立一个软件需求分析开发团队，对指定的软件项目，依次开发上述三份需求文档，并在最后做一次项目需求汇报。按照工程教育认证的要求，选用本书的软件需求类课程可以支撑三个指标点，分别是分析能力（能够基于应用领域背景知识，完成复杂工程问题的分析，针对具体需求问题能够提出解决方案）、研究能力（能够采用科学的方法对工程环境中的软件需求进行研究，完成软件系统或产品需求的获取，规范化描述软件系统的功能和非功能需求，并有效管理软件需求）及沟通能力（在软件需求获取、分析、规格说明、验证的过程中具有良好的语言表达和文字组织能力，能够通过撰写报告、设计文档、陈述发言和答辩等方式，准确而有效地表达软件需求方面的见解，并能够按照标准撰写技术文档）。按照课程思政的要求，结合专业知识，本书每章都引出了一个思想建设议题，教师可适当选用。

　　本书由湖北文理学院计算机工程学院屈俊峰撰写完成。在本书的撰写过程中，感谢北京理工大学出版社的大力支持及悉心指导，同时感谢湖北文理学院计算机工程学院相关领导和同事的大力支持。

　　由于作者水平有限，书中难免有不足和疏漏之处，恳请广大读者批评指正。

屈俊峰

2023 年 2 月

C目 录
ONTENTS

第1章 绪 论

内容提要

　　软件需求分析是在软件项目立项后启动的第一项工作。软件需求分析是整个软件需求过程的统一称谓，这个过程有时也称为软件需求工程。本章从发展历史、重要性及思维方向三个方面对软件需求分析做初步的介绍。

学习目标

- 能讲述：软件需求分析的发展历史
- 能评价：需求分析在软件工程中的重要性
- 能切换：软件需求、软件项目工作的思维方向
- 能领悟：厚积薄发的积累过程

1.1　软件需求分析的发展历史

1.1.1　起　源

从 20 世纪 60 年代爆发软件危机开始，软件工程领域的从业者开始越来越重视软件需求分析工作。特别是进入了人工智能时代后，在云计算平台上，依托大数据开发的智能化、分布式、大模型的软件，使软件需求分析工作在软件工程过程中占据着空前重要的位置。

从软件开发的历程来看，需求分析是软件工程的一个子工程。需求分析执行为软件定义、建模、分析和验证需求的工作，从软件工程诞生起就被认为是一项独立的任务，并随着软件工程的发展而不断发展。

最初的软件开发没有既定的流程与方法，开发工作往往是无序随意地进行。当软件变得越来越重要时，人们发现软件不能无规律地编写。于是在 20 世纪 60 年代后期，几位软件大师，如 Edsger Wybe Dijkstra（艾兹格·迪科斯彻，1972 年图灵奖得主）和 David Parnas（大卫·帕纳斯）等提出了结构化编程（Structured Programming）等一系列新想法。其中有一项很重要的工作，就是由 Winston Royce（温斯顿·罗伊斯）提出的瀑布模型（Waterfall Model）。虽然瀑布模型只是通过一个会议论文发表，但它的影响力及真正的价值意义重大，因为瀑布模型搭建了整个软件工程的框架。甚至可以说，软件工程的理论基础就是瀑布模型。

瀑布模型如图 1-1 所示，其中包含两个基本思想。一是把软件工程要做的事情分成需求分析、设计、编码和测试等几项工作，并将其结合起来。二是软件开发需要遵循一种过程规律，即首先要进行需求分析，其次进行设计，最后进行编码和测试。从软件工程目前的发展来看，由于后来出现了各式各样的软件开发过程，瀑布模型的贡献主要在第一个。虽然瀑布模型饱受批评，但是它对清晰划分软件工程过程任务这一贡献具有历史意义。

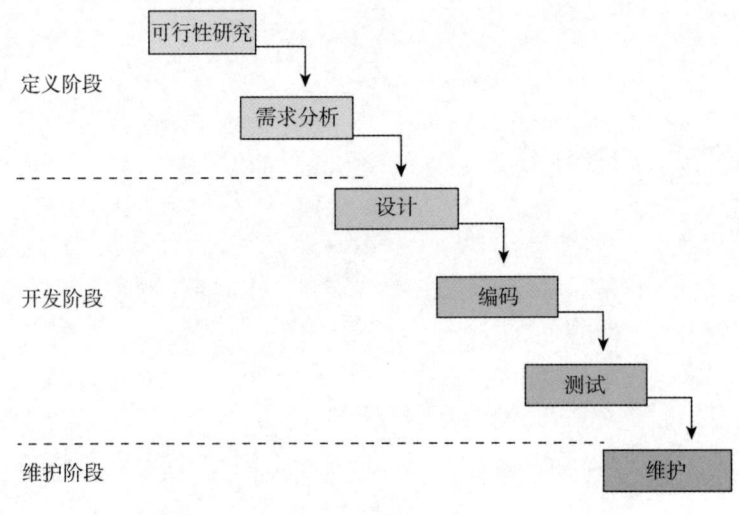

图 1-1　瀑布模型

瀑布模型应用广泛、影响深远。

首先，很多大型工程都采用瀑布模型，使其变成了一种标准。例如，美国国防部提出的 MIL-STD-2167A 和 DoD 5000 标准，要求任何为美国国防部做的软件都必须遵循这两项标准。这两项标准也是国际软件工程界的重要文献。按照这两项标准开发软件，必须先进行需求分析，完成一个需求文档。然后，这个文档要交给设计者，设计者给出一个设计文档，再执行下一步。开发软件的每一步都要有一个里程碑，这就是上述两项标准的一个重要原则。虽然不断有人反对，也经历了很多争议，但美国国防部的标准一旦确立很难改变。现在尽管对于其他软件开发模型美国国防部也可以接受，但 DoD 5000 一直沿用至今。

瀑布模型也影响着日本的软件开发项目。日本人在需求文档上面会花很多时间，然后将需求映射到一种日式设计模型上。此后，大多数文档能够自动生成，甚至大部分代码都能从设计模型中生成。

其次，从瀑布模型中产生了"代价模型"，后者提供了推断工程是否成功的方法论。按照代价模型，若一个工程需要 6 个月完成，则应该花 3~4 个月做需求，2 个星期做设计，1 个星期做编码，其余时间做测试。这被认为是一种最好的软件开发模式。如果一个团队把太多的时间花费在编码上，就意味着他们没有花费足够的时间做好需求。一个软件项目经理可以根据一个软件项目在各个阶段花费的时间来判断软件开发过程成功与否，这就成为后来的软件工程经济学（Software Engineering Economics）。这一学科就是根据瀑布模型得出来的，瀑布模型直接影响了这一重要的软件工程领域。

最后，虽然现在已有很多其他模型和方法，但人们依然认为，瀑布模型的大框架还是正确的。例如，建桥或盖房子等土木工程，也要花很多时间做需求和设计，然后才可以实施建设。瀑布模型与传统的工程原则是一致的。后来提出的一些模型，如螺旋模型（Spiral Model）和敏捷方法（Agile Method），被一些人指出其违反了工程原理。确实如此，建筑物不可能先设计建造一部分，然后对下一部分进行需求分析、设计、建造。直到今天，瀑布模型的框架仍然适用，不严格地说，其他模型都是它的变种。

总之，因为有了瀑布模型，才有软件需求工程。瀑布模型为软件需求工程奠定了一个基础。反对瀑布模型的人主要针对其过程，而对模型的大框架鲜有异议。瀑布模型引进了一个自顶向下的方法，即需求驱动的方法。通过不断地实践，人们对需求分析（工程）是软件开发中最重要的一步已达成共识。

1.1.2　早期的工作

基于软件工程大师艾兹格·迪科斯彻提出的"分解"的概念，20 世纪 80 年代之前，软件需求分析最受人关注的是"功能分解"。在需求分析过程中，把一个问题不断地分解成几个部分，每次分解都加入新的东西具体化软件功能。

艾兹格·迪科斯彻提出结构化程序设计之后，很多人认为软件的模块化可以解决软件工程过程中的主要问题。然而，Bergland（伯格兰）对此却并不认同。按照他的分析，基于模块化的结构化程序设计并没有解决软件可维护性等一些属于需求分析工作的问题。

艾兹格·迪科斯彻的分解还有一个关键问题没有解决：软件系统根据什么进行分解。针对这个问题，当时人们提出了很多解决方案，最具代表性的方案是按功能分解与按数据流分解，涉及以下三种方法。

第一种方法以"软件需求工程方法论"为代表，其基本思想是针对一个需求，用流程图（Flowchart）的形式把次序关系表示出来。对于每个流程，根据其程序步骤进行分解，最后变成一种可执行的规格说明。一个项目，即使规模很大，按照这个过程去处理，当其中的流程都被详细描述之后，就可以按照规格说明去执行。这就是历史上最早、最出名的需求分析方法。

第二种方法是问题描述语言/问题描述分析器（Problem Statement Language/Problem Statement Analyzer，PSL/PSA）。这种方法把关键字和关联都文档化，放到计算里进行自动处理，可以用各式各样的结构化方法来分析。它本来采用数据流的方式来分析，后来觉得太局限，就开始扩展，但是扩展得太广、涉及的东西太宽泛。因此，PSL/PSA 很快就变成了历史。

第三种方法是结构化分析（Structured Analysis）。这种方法的创始人 Ed Yourdon（爱德华·纳什·尤顿）与 Tom DeMarco（汤姆·狄马克）发现软件需求工程方法论比较适合实时性强的系统，因为这种系统的关键是执行动作。对于一般的商业系统，实时控制的任务不多，主要是数据处理。例如，银行里的各种事务都涉及数据处理。因此，他们提出了基于数据流的功能分解。

1978 年，C. V. Ramamorrthy（拉马莫尔蒂）与加州大学伯克利分校的 H. So（宋教授）合作撰写了一个技术报告"软件需求与规格的状况和前景"，报告中系统介绍了早期的需求分析工作。

早期软件开发的思想都是源于瀑布模型的结果。有的大公司甚至会花几年的时间去写文档，然后请几百位软件工程师编写程序。这些人虽然对整个系统不甚了解，但是只要有一份这样的文档，就可以根据它编写程序了，而且这样开发出来的系统都能运行。这主要是因为软件需求工程做得充分，生成了完备的文档。早期的软件需求工程还受到编程语言的影响，如 ALGOL、FORTRAN 和 COBOL 等。COBOL 影响结构化分析，而 FORTRAN 等则影响软件需求方法论。

早期的软件需求工程还做过形式化方面的探索。例如，Margaret Hailton（玛格丽特·希尔顿）提出来的高位软件（High Order Software，HOS）。她认为，应当用数学模型把软件的分解表示出来。每一个分解都有一定的规则，可用数学表示。根据这些规则，每一套软件系统最终详细说明之后都是一棵树，每一个树节点上都有一些数学上的分析和解释，根据这个解释可以证明程序是正确的，而且可以自动生成。这对于在软件工程需求阶段采用形式化方法的工作具有重要的意义。

HOS 方法的优点：数学化保证了正确性，根据规格说明自动产生程序，按规则的分解逻辑严密。然而，软件需求工程方法论的拥护者认为 HOS 是一种底层设计语言，不是一种需求语言。例如，非功能需求用这种方法就不能完全描述。他们认为 HOS 从需求直接进入底层设计，这个跨度太大，违反了瀑布模型，把需求和设计混在了一起。软件需求工程方法论所做的应是需求，而不是设计。后来的历史证实了软件需求工程方法论的思想是正确的。

按照瀑布模型，软件需求工程的一个重要产物是软件需求规格说明文档。在早期，大卫·帕纳斯提出了一个很重要的思想：基于文档的开发（Document-based Development）。这个思想指出开发一个软件，文档是最重要的。只要写好文档，就能根据文档编写需要的软件。对此，大卫·帕纳斯还写过一篇文章："合理的设计过程：如何以及怎样进行补救"（A Rational Design Process：How and Why to Fake it）。这篇文章流传很广，其大意是真正的软件开发过程可以仁者见仁，智者见智，但是开发完成后，除提交软件本身外，还必须提交需求文档、设计文档、代码及测试文档等。大卫·帕纳斯甚至认为我们不必按照瀑布模型开发软件，可以在软件完成后再写文档。"基于文档的开发"直到现在还影响着软件开发活动。构造高质量的软件需求规格说明文档，成为软件开发后续阶段的基线，是软件需求工程追求的目标。

大卫·帕纳斯还提出了"为改变而设计"的观点，即在还没有开始实际编写软件程序的时候，就考虑软件在其演化过程中有可能面临的各种变化，并设计软件使其能够灵活应对这些变化。这个观点经受住了时间的考验，直到现在仍然有效。我们可以将"为改变而设计"用于软件需求工程方法论、统一建模语言及面向服务的框架。

1.1.3　探索中前进

在瀑布模型提出后，软件需求分析的各种方法也在学术界、工业界的探索尝试中不断前行，下面我们列出一些具有代表性的方法及思想。

（1）能力成熟度模型（Capability Maturity Model，CMM）。能力成熟度模型是1987年由美国卡内基梅隆大学软件工程研究所研究出的一种用于评价软件承包商能力并帮助改善软件质量的方法。其所依据的想法是：只要集中精力持续努力建立有效的软件工程过程的基础结构，不断进行管理的实践和过程的改进，就可以克服软件生产中的困难。

推崇能力成熟度模型的人认为，软件开发的所有问题都是管理的问题。例如，在瀑布模型里，首先要确定需求，然后是设计、开发。需求阶段的问题首先是跟什么人谈，用什么写，需要做什么模拟。他们认为软件开发的重要问题不是工程问题，而是管理问题。对于工程问题，编程语言已经解决得非常好了，软件开发的改进并不需要新的编程语言、新的模型和新的设计，只要有好的过程，很多问题就会被解决。总之，当时提出的重要观念就是"软件开发是一个过程管理问题"。

（2）与人工智能研究相关的知识表示技术。20世纪80年代，美国有很多人研究知识表示在需求上的应用，即用逻辑（Logic）、框架（Frames）和规则（Rules）表示软件需求，他们认为这样可以将软件需求工程变成智能行为。他们的中心思想是，人工智能的知识表示比当时软件描述的数据流和流程图更有分析能力，而且更加丰富，因此知识表示可以做各种关于需求的推理。知识表示虽然在学术界受到重视，但是没有被工业界采用。因为工业界认为，需求阶段实际上要做的是规格说明，而不是推理，没必要为此花费时间。

（3）形式化规格说明。形式化规格说明的倡导者认为软件的规格说明要形式化。但是，写一个形式化的规格说明，同样只是在学术界受欢迎，在工业界并不受欢迎。因为当时对要形式化的对象是什么，形式化是否能保证软件正确，侧重的形式化状态转换图对一个大型软件是否有帮助这一系列问题的答案并不肯定。大部分形式化在低层设计上进行，在需求上的工作比较少，而且不能支持分解。

形式化规格说明的倡导者认为只要用了数学就好。其实，数学只是工具，首先要解决的问题是对什么进行形式化规格说明，是程序、数据流还是交互。早期有关形式化规格说明的书籍只告诉人们如何用数学形式写规格说明，却没有涉及形式化的规格说明正确与否。如果规格说明不正确，那么编写出来的代码也不会正确，这才是本质问题。形式化规格说明还面临一个问题：无论规格说明是否形式化，软件都要不停地被改进。形式化的规格说明是否有助于加速这种改进过程，对编写程序有什么帮助，这些都不清楚。

（4）维也纳开发模型（Vienna Development Method，VDM）和 Z 语言。维也纳开发模型于 20 世纪 70 年代中期发源于 IBM 维也纳实验室，主要发明人之一是 Dines Bjorner（尼尔·比约）。VDM 包含了一组表示法，同时提供了一组系统建模技术、模型分析技术以及设计与编码技术等。VDM 自诞生以来，其表示方法和工具还在不断地丰富，并且应用于多种系统建模过程中。Z 语言是一种用于描述和为计算机系统建模的形式化规格说明语言，目标是要清楚地说明计算机程序，并形式化地证明程序的行为。Z 语言最早由 Jean Raymond Abrial（让·雷蒙德·阿布里亚尔）在 1977 年提出，并在牛津大学的程序设计研究组得到发展。Z 语言以公理集合论、Lambda 演算和一阶谓词逻辑中的数学表示法为基础，所有表达式都是类型化的，因此避免了经典集合论中的悖论。2002 年，国际标准化组织（International Organization for Standardization，ISO）推出了一套关于 Z 语言的标准。这些工作在欧洲有很大影响，它们使工业界对以数学为基础的形式化方法有了新的印象。

1.1.4 轻量级需求分析

20 世纪 80 年代后期到 90 年代出现了"面向对象"的思想。这种思想认为，软件要易改易做，要能很快地编写程序。在面向对象的软件开发萌芽阶段，一些人认为花时间写需求、做测试是在浪费时间。甚至还有人认为，如果采用"面向对象"技术来开发软件，就不用做需求，做需求是回到上古时代。这实际上代表了一种反对瀑布模型的思想。后来有人提出可执行的规格说明（Executable Specification），认为规格说明应该是可执行的。这个思想在软件需求工程方法论时代就曾被提出来，但最终遇到了与 HOS 同样的困难，当一个规格说明可以执行的时候，规格说明可能就成了低层设计。

实际上，当时美国工业界和学术界有不少人对瀑布模型比较反感。其最主要的原因是：如果软件开发先做需求，之后做设计，最后做编码，那么步骤就过于复杂了。因此，Barry Boehm（巴利·玻姆）提出螺旋模型，建议在软件发展的过程中，用不断进行需求、设计、编码的迭代过程来代替瀑布模型。

后来，敏捷过程（Agile Process）方法被提出。这一方法的思想更加激进，认为只要稍微分析需求，画出简单的图，写出简要的程序方法，就可以很快进入编写程序的阶段。这种方法认为，需求不是最重要的，软件才是软件工程中最重要的。

敏捷过程包括 12 项敏捷原则，如表 1-1 所示，这些原则解释如下。

（1）客户满意：优先级最高的工作是通过尽早地、持续地交付有价值的软件来使客户满意。

（2）拥抱改变：欢迎改变需求，即使已经到了开发后期。敏捷过程利用变化来为客户创造竞争优势。

（3）持续交付：经常性地交付可以工作的软件，交付的间隔可以从几个星期到几个月，交付的时间间隔越短越好。

（4）协同工作：整个项目开发期间，业务人员和开发人员最好天天都在一起工作。

（5）人为首要：构建项目要靠积极性被激励起来的人员，要给他们提供所需的环境和支持，信任他们能够完成工作。

（6）当面沟通：最富有效果和效率的信息传递方法，就是面对面交谈。

（7）快速上线：工作进度的主要衡量标准是能工作的软件。

（8）稳定节拍：敏捷过程提倡可持续发展。出资方、开发团队和用户应能持续保持稳定的工作节拍。

（9）良好设计：不断使技术保持领先和良好的设计会增强敏捷性。

（10）简化工作：使要做的工作尽可能简单是根本。

（11）完备团队：最好的构架、需求和设计出自自组织的团队。

（12）定期反思：团队定期反思如何才能更有效地工作，然后相应地对自己的行为进行调整。

表 1-1 敏捷原则

序号	原则	序号	原则
1	客户满意	7	快速上线
2	拥抱改变	8	稳定节拍
3	持续交付	9	良好设计
4	协同工作	10	简化工作
5	人为首要	11	完备团队
6	当面沟通	12	定期反思

敏捷过程基本上是对瀑布模型和文档方法的批判。敏捷过程的支持者认为，在软件开发过程中，既不是文档和需求最重要，也不是过程最重要，而是软件最重要。需求的重要性只是在于它对软件有帮助，凡是对软件没有帮助的都不重要。因此，团队要花大部分时间在软件上而不是在其他方面。他们认为，把时间花在其他方面是一种浪费行为，与其这样，还不如把时间用来做软件。这是 20 世纪 90 年代后期对瀑布模型的最大反弹，关注软件而不是需求反而成了主流。

敏捷过程的想法与传统的瀑布模型和"基于文档的开发"是直接冲突的。后者认为，在软件工程中，软件需求工程是最重要的，如果需求错了，那么一切都错了。这是瀑布模型的精髓。主张敏捷过程的人则认为，软件工程中最重要的是软件，不是模型和文档，也不是过程，而是保证进度和软件的质量。他们认为，怎样把软件做得最好并且很快把软件交付出去至关重要。

实际上，敏捷过程有一个很好的思想，就是软件工程师必须跟客户和用户直接面对面交谈，尽快把程序做好，所用的方法越简单越好。但事实上，采用敏捷过程开发软件时，工作量非常大，工作人员压力也很大，因为必须在很短的时间内把软件做出来。敏捷工程的贡献就在于它是对过去的软件工程，包括软件需求工程的一个批判。他们不是批评优美的模型和很厚的文档，也不是批评遵循能力成熟度模型的工作模式，而是强调一种观念：把软件做好了，符合客户要求才是硬道理。根据这种观念，再多的过程，再厚的文档，再好的模型，再强的能力成熟度模型，如果没有软件，一切都是空的。

敏捷过程在工业界产生很大影响，但在学术上并没有提出一个完善的思想框架，只是给出了一种很好的想法。

1.1.5　面向对象的 UML

"面向对象"的软件在 1985 年前后受到重视，1992 年，"面向对象"的思想有了自己的需求分析方法：统一建模语言（Unified Modeling Language，UML）。这是第一个"面向对象"的软件需求工程方法。

Grady Booch（格雷迪·布奇）、James Rumbaugh（詹姆斯·伦博）和 Ivar Jacobson（伊万·雅各布森）是 UML 的创始人，三人被合称为"UML 三友"，他们均为软件工程界的权威。除著有多部软件工程方面的著作外，他们在对象技术发展上也有诸多杰出贡献，其中包括 Booch 方法、对象建模技术（Object Modeling Technique，OMT）和面向对象的软件工程（Object-oriented Software Engineering，OOSE）过程。

格雷迪·布奇是 UML 和 Booch 方法的创始人、IBM 院士、IBM 研究院软件工程首席科学家。自 1981 年 Rational 软件公司成立到 2003 年该公司被 IBM 收购，他一直是 Rational 软件公司的首席科学家。他在软件架构、软件工程和协作开发环境方面享有极高的国际声望。詹姆斯·伦博是著名计算机科学家、面向对象方法学家，他的主要贡献是创建了 OMT 和 UML。他 1994 年加入 Rational 软件公司，后来与伊万·雅各布森和格雷迪·布奇共同开发了 UML，2003 年 Rational 软件被 IBM 公司收购后其加入 IBM 公司，2006 年退休。伊万·雅各布森是现代软件开发之父，被认为是深刻影响并改变了整个软件工业开发模式的几位世界级大师之一。他最主要的贡献是 UML、Objectory、统一软件开发过程（Rational Unified Process，RUP）和面向方面的软件开发。他还是模块和模块架构、用例、现代业务工程等业界主流方法、技术的创始人。他提出的用例驱动方法对整个面向对象的分析和设计（Object-oriented Analysis Design，OOAD）行业影响深远。

UML 是一种图形化的需求建模方式，将上述三人提出的内容融合在一起，什么内容有用就把什么吸纳进去。UML 一共收集了 20 种模型，每种模型之间互相引用。UML 被广泛接受的关键原因是它的图形化，而图是容易被大家接受的。

UML 出现前，学术界都狂热地支持"面向对象"的思想，但是实际上大量的软件开发工作还是受到美国国防部 MIL-STD-2167A 瀑布模型的制约，在经历了一些探索之后，产业界还是回归到了原来的瀑布模型。UML 的出现为两者实现了一种较好的妥协：按照瀑布模型的流程，使用面向对象的思想做需求。因此，1992 年 UML 出现之后，被美国的公司和大学广泛采用。后来，UML 变成了工业标准。UML 代表了一种全新的思想，早期的软件需求工程方法论或结构化分析，是受当时的编程语言和瀑布模型的影响而发展起来的，而 UML 主要是受"面向对象"的影响。

需求跟表示方式没有任何关系。人们可以把它写成数据流，也可以把它写成软件需求工程方法论的控制流，还可以把它写成"面向对象"。由于 UML 是把有用的、各种各样的模型一律都放进去，所以 UML 里既有数据流图，也有状态转换图，还有类图、活动图等。而 UML 的一大缺陷正在于它用的模型实在太多、太复杂了，而且这些模型之间不能自动转换。

因此，在实际应用中，只是采用 UML 的一个子集进行需求分析活动。

1.1.6　多元化的需求分析思潮

进入 21 世纪后，软件需求分析越来越受到重视，一些重要的需求分析思想、方法开始出现。

1. 以用户为中心的需求分析

2000 年后，人们开始诟病 UML 的复杂性使之较难与编程同步。按 UML 的要求，首先要做一个模型，做完之后再编程。若程序要修改，则要按照各式各样软件工程的要求，先改模型再改软件。但一般人没有时间这样做，总有人只改程序，或者只改模型，这样模型与程序是不相干的，模型用完之后就被扔掉了。

UML 中有一种图，称为用例图，它用于描述用户与系统的交互。用例图激发了一种新的思想："以用户为中心的设计"。它是针对软件与用户之间越来越密切的关系提出的。目前以及将来的大部分软件，都是用户需要什么功能，就跟着实现什么功能。

"以用户为中心的设计"就是在为用户制作软件时，不是一开始就画一大堆 UML 模型，而是要和用户讨论软件将来怎样使用，怎样和用户交互；或者软件供几个人同时使用，同时使用的每个人需要看什么样的主题，如果需要转换，会看到什么样的转换。总之，要先规划怎样与用户交互，然后完成"以用户为中心的设计"。由于交互变得十分重要，因此要把交互看成需求的一部分，并且把交互模型化。在设计完成与各方面的用户交互后，再根据交互进行功能设计。"以用户为中心的设计"整合了传统的软件需求工程和设计阶段。在以前的软件开发过程中，要先确定需要什么功能和资源，而在"以用户为中心的设计"过程中，不仅要确定这些，还要确定怎样与用户交互。

因此，"以用户为中心的设计"也可以成为软件需求工程的一个很重要的组成部分，而这部分以前是被软件工程所忽略的。"以用户为中心的设计"代表了未来软件需求工程的一种新的和重要的研究方向，并将变得日益重要，因为未来软件的交互性会越来越强。

2. 领域工程

大卫·帕纳斯的学生 David Weiss（大卫·韦斯）在 2000 年提出了领域工程，他认为，所有的东西都可以被重用。他把整套的软件开发分为领域工程和应用工程。其主要思想是，开发一个系统要先做领域知识有关的工作（包括领域分析、设计和实现等），然后用编译器或其他方法让生成的构件程序能够被大量重用。

领域工程不是仅从需求开始，而是从需求和已经存在的系统开始。领域工程需要和软件紧密结合，因为软件要从领域模型开发，而领域模型的开发实际上受到已经存在的系统设计的影响。大卫·韦斯开发了几种领域工程技术，如共同性分析（Commonality Analysis），包括识别共同的实体和关系，并建立了一个给定应用领域的实现。领域模型的开发依然要考虑已存在的系统设计的影响，这样才能便于未来的代码生成。

我们可以看出，如果一个领域模型对未来软件开发是有利的，那么就有可能快速开发软件。把软件制作从单一的软件开发变成一种从领域工程到应用工程的思想既新颖又有趣，因为领域模型和代码生成机制能够被重用以快速产生软件的下一个新版本。但是，大卫·韦斯的技术主要依靠规格说明和编译器，他并没有使用很多"面向对象"中的概念。

Microsoft 的 Office 系列软件就是按领域工程开发的一个经典范例。我们可以看到，在这套软件系列中，Word、Excel、PowerPoint 等的大量菜单选项都是完全相同的，如字体设置、插入对象等功能。

3. 面向目标及基于主体的方法

面向目标的方法将"目标"看作软件需求的源头和依据，以目标为需求抽取基本线索，诱导需求提供者按目标分解、精化和抽象关系，逐步构建"系统目标与或树"。其主要特点是，目标树为需求活动提供了一种良好的表示结构和自顶向下的需求分析方法，有助于将零碎分散的需求信息组织成易于理解的层次结构。多种目标分解方式使不同的设计方案得以兼顾和考虑。还有一些工作则是将目标与形式化方法（如时态逻辑等）相结合，对目标模型进行推理和验证。

基于主体的方法的提出起源于组织过程进化的研究，它为信息系统提供了一种基于组织层次上下文的需求获取和建模的思路。其建模理念为刻画"有目的的参与者"，以"有目的的参与者"为主要线索去识别需求。它认为系统的参与者是有目标、信念、能力和承诺的自治或半自治主体，这些参与者之间存在各种各样的关系。其需求推理体现在寻找当前系统模型的其他更好的解决策略上。在参与者模型中，系统模型是否适当是以其所有初始目标是否都能够被参与者实现作为判别标准的。

1.2　需求分析的重要性

美国专门从事跟踪 IT 项目成功或失败的权威机构 Standish Group 每隔几年都会出具一份收费的 CHAOS Report，报告中会给出 IT 项目相关调查数据结果。本节我们从互联网上已经可以获取的报告中，了解一些 IT 项目的相关数据及报告的分析。

📋 1.2.1　统计数据

2015 年的 CHAOS Report 统计了 2011—2015 年 Standish Group 收集到的所有 IT 项目。按照项目是否在预算之内，是否按时完成及是否达到了目标，对这些项目进行了统计，如图 1-2 所示。从图中我们可以看到，只有 44% 的项目没有超过预算；40% 的项目按进度的设定完成；56% 的项目达成了既定目标。这些数据说明即便有充足的经费、熟练的程序员、经验丰富的项目主管，这些项目的评价指标也仅仅处于 50% 上下。

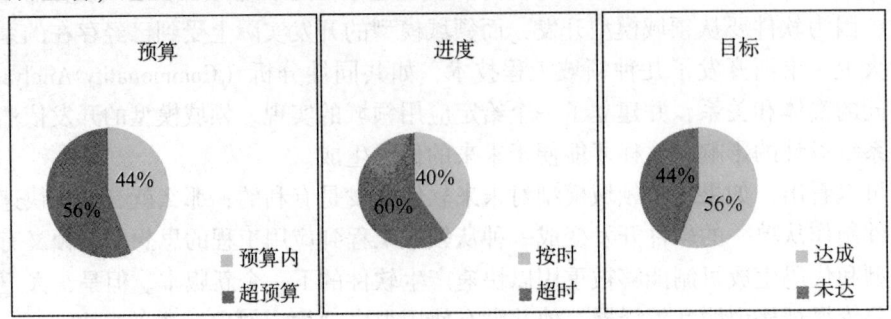

图 1-2　2011—2015 年 IT 项目数据统计

同时，CHAOS Report 将所有 IT 项目分为如下三类。一是成功的项目，指该项目按时、按预算完成，具有所有功能且功能如最初指定的那样。二是面临挑战的项目，指该项目已完成并投入运营，但超出了预算，且功能少于最初指定的功能。三是失败的项目，指在开发周期中的某个时间段该项目被取消或已交付但未使用。表 1-2 统计了 2011—2015 年三类 IT 项目所占的百分比。从表中我们可以看到，完全达到预期的项目只占 40% 左右。

表 1-2　2011—2015 年三类 IT 项目所占的百分比

年份	2011	2012	2013	2014	2015
成功的项目	39%	37%	41%	36%	36%
面临挑战的项目	39%	46%	40%	47%	45%
失败的项目	22%	17%	19%	17%	19%

1.2.2　关键因素

为了帮助软件开发组织找到明确的改进方向，Standish Group 总结了项目成功的十大因素及权重，如表 1-3 所示。在表中，我们也勾选出了与需求有关的因素，分别是用户的参与（15.9%）、执行层的支持（13.9%）、清晰的需求描述（13.0%）、现实的客户期望（8.2%）及清晰的愿景和目标（2.9%），合计下来与需求相关的因素占比超过了一半（53.9%）。

表 1-3　项目成功的十大因素及权重

成功因素	权重	与需求有关
用户的参与	15.9%	√
执行层的支持	13.9%	√
清晰的需求描述	13.0%	√
合适的规划	9.6%	
现实的客户期望	8.2%	√
较小的里程碑	7.7%	
有才能的员工	7.2%	
主动性	5.3%	
清晰的愿景和目标	2.9%	√
稳定的团队	2.4%	
其他	13.9%	

Standish Group 也总结了项目失败的十大因素及权重，如表 1-4 所示。与需求有关的因素包括不完整的需求（13.1%）、缺乏用户参与（12.4%）、不切实际的用户期望（9.9%）、需求变更频繁（8.7%）及提供了不再需要的功能（7.5%），合计下来与需求相关的因素占比也超过了一半（51.6%）。

表1-4　项目失败的十大因素及权重

失败因素	权重	与需求有关
不完整的需求	13.1%	√
缺乏用户参与	12.4%	√
资源不足	10.6%	
不切实际的用户期望	9.9%	√
缺乏执行层的支持	9.3%	
需求变更频繁	8.7%	√
规划不足	8.1%	
提供了不再需要的功能	7.5%	√
缺乏 IT 管理	6.2%	
技术能力缺乏	4.3%	
其他	9.9%	

通过上面的数据分析，我们可以清楚地得出结论：项目的成功离不开优良的需求分析，而需求分析的欠缺很可能会导致项目的失败。

1.3　思维方向

需求分析在软件项目中至关重要。然而，为什么需求分析如此重要？对需求分析工作的传统认识能否改进从而更好地完成这项工作？本节将对此做出解释。

1.3.1　背后的原因

需求分析为什么能左右项目的成败，图1-3所示部分地解释了其背后的原因：不同的人对相同的软件需求都有自己的理解，但是客户真实的需求甚至在客户自己描述时就已经走形。

需求分析失败的原因有以下几点。

（1）沟通失真。从客户的描述到项目经理的理解，再到软件需求分析师的诠释，直至最后程序员的实现，每个人都根据自己的角色特点对需求信息进行不同的加工，从而导致信息内容在传递过程中不断变化。相关研究显示，在信息的传递过程中，如果没有采取任何措施，那么在沟通过程中信息衰减变形的最大值高达60%。具体到软件开发过程，需求信息需要经过客户、需求人员、设计师、开发人员，在最坏的情况下，开发人员得到的需求信息中真实的部分仅占20%。

（2）客户的描述。客户在描述需求时，很可能会陷入两种状态：要么什么都不说（因为所有的业务工作对他而言都习以为常），要么会添油加醋（希望可以得到更大的收益）。

对软件系统略有了解的客户甚至会直接描述可能的解决方案（而不是需求），然而，客户的解决方案或许不是最佳的方案。

（3）项目经理的裁剪。许多项目经理在需求的捕获过程中，习惯性地会迫不及待地在脑海中勾勒技术框架和路线，然后尽可能地控制需求的范围。虽然对需求进行控制是必要的，但是控制策略和力度需要仔细把握。

（4）程序员强行实现。当拿到软件需求规格说明后，往往迫于时间压力，程序员会快速地进行系统实现，对于说明中不能理解的内容，常常赋予自己的认识加以实现，从而导致最后的系统与用户的需求相去甚远。

| 客户描述的需求 | 项目经理的理解 | 分析师的诠释 | 架构师的设计 | 程序员的编码 |
| 编撰的项目文档 | 安装后的系统 | 巨大的客户投资 | 肤浅的技术支持 | 客户真实的需求 |

图 1-3　变化的需求

📋 1.3.2　认识偏差

失败的需求分析除上述客观原因外，还存在一些主观的原因，主要是项目团队对软件开发认识上的偏差，包括以下几个方面。

（1）上线即成功的理想化思维。当一个成功的商业模式流行时，人们看到的便是一个大规模的市场群体。然而，失败的商业模式其实更普遍。成功的商业模式给人们设立标杆后，也给项目团队带来了不切实际的幻想：任何软件项目一旦上线，立马可以成功。

（2）假设事实的误导。不切实际的预期会导致人们将想法假设为事实。于是，团队几乎没有人认真考虑最初的想法是否正确，而只是在项目工期的催促下不断完成任务。

（3）依赖办公室专家的经验。需求分析中实施的头脑风暴、讨论、会议，很可能最终民主集中到办公室里的权威人士，可能是老板、上级，或者是办公室里资历最深的人。他们决策的依据往往是经验。然而，在面对新的系统、环境、用户时，旧的经验作用有限。

经过不断的实践积累后，人们开始逐步意识到这些问题，开始发现正确的需求非常重要，各种软件项目的开发团队不约而同地形成了如下共识。

（1）正确需求的持续积累才会形成成功的商业模式。商业模式的成功并非一蹴而就，失败的模式远多于成功的模式。通过不断地试错，快速地重构，点滴积累，主动拥抱失败，才能让商业模式逐步完善。

（2）用专家反馈和数据来指导行动。拥抱失败不是鲁莽地冒险，而是使需求不再失败。让专家频繁地对你的想法进行证伪，用反馈和数据来指导行动，直到需求无限趋近于客户期望。

（3）真正的专家是你的客户。要做到拥抱失败，持续证伪，需要不断与客户沟通。真正的专家不是办公室里的权威，客户才是专家。主动和客户沟通，积极提问，收集他们的数据，聆听他们的心声。

1.4　厚积薄发

汽车行业正在经历一个重要的转型时期，可以说，自汽车确立了内燃机的驱动方式以来，没有比现在更为剧烈和颠覆的时刻。在从燃油时代过渡到电气化时代的关键节点上，如何把握住机会，克服可见和未知的困难，开创汽车发展的新时代，成为每一家车企都要思考的问题。

然而，在当前大环境并不理想的前提下，有一家车企在2022年上半年依靠"技术鱼池"里黑科技的加持，加速推进新能源车对传统燃油车的渗透。

这家车企就是比亚迪。根据比亚迪官方公布的最新数据显示：其3、4、5月份的销量均突破了10万大关，6月份的销量更是达到了13.4万辆，同比增长了162.7%，创下了品牌有史以来最好的单月销量纪录。2022年1—7月，比亚迪的总销量超过了80万辆，其也成为国内新能源领域的翘楚。

事实上，近些年比亚迪的销量和热度一直在持续攀升，尤其在互联网上的呼声十分高涨。2022年5月，在北京比亚迪的营销处，其客流量之大甚至让人怀疑芯片短缺、原材料价格上涨是否为"假新闻"。在店内，有些展车都已销售一空，足见最近比亚迪产品的销售势头相当强劲。如果抛去产能的问题，其可预期的销量想必会更高。

那么，这家靠制造充电电池起家的车企，为什么能在2022年实现逆袭呢？

硬核的技术实力，是比亚迪成功的关键。如果从技术的发展路线来看，比亚迪在纯电技术和混动技术的布局要远远早于其他自主品牌。2008年，比亚迪的首款双模电动车F3DM就已经推向市场了。不过受限于当时的市场环境，市场对混动车的认可度没有现在这么高，所以最终F3DM并没有引起太大的反响，但却为比亚迪的发展开了一个好头。

5年后，比亚迪又推出了第二代DM技术，相比初出茅庐的F3DM，彼时的技术更趋成熟，同时还提出了542战略架构，也暗示了比亚迪在混动技术方面的布局早已打下基础。

2018 年，比亚迪的第三代 DM 技术诞生，它不仅是比亚迪承上启下的技术保障，甚至对整个新能源领域的发展都具有一定前瞻性和预见性，也为今天比亚迪的迅猛发展埋下伏笔。

当然，比亚迪最重要的技术变革，就要从 2020 年发布的刀片电池（如图 1-4 所示）开始说起了。就结果而言，这项技术间接让磷酸铁锂电池焕发了第二春。

图 1-4　刀片电池

刀片电池通过结构创新，在成组时可以跳过模组，大幅提高体积利用率，最终达成在同样的空间内装入更多电芯的设计目标。相较传统电池包，刀片电池的体积利用率提升了 50% 以上，即续航里程可提升 50% 以上，达到了高能量密度三元锂电池的同等水平。

比亚迪的刀片电池，通过了电池安全测试领域的"珠穆朗玛峰"（即针刺测试），并成功挑战了极端强度测试，即 46 t 重卡碾压测试，具有超级安全、超级强度、超级续航、超级寿命的特点。超级安全要求针对电池使用七重安全维度测试，涵盖内部短路、外部短路、过充、碰撞、高压、连接以及危险气体；超级强度要求电池包具备挤压不起火、不爆炸特性，并通过模拟碰撞、抗压强度等测试；超级续航要求续航里程突破 600 km；超级寿命要求满足充放电 3 000 次以上，满足车辆行驶全生命周期需求。针刺测试的介绍如下。

针刺测试

针刺测试的过程并不复杂，按照国标中的针刺试验方法规定，需要将电池充满电，用钨钢针垂直于电池将电池刺穿，整个电池的能量都会通过该针刺点在短时间内释放，钢针停留在电池中，观察 1 h，不起火、不爆炸才算合格。在针对锂电池安全的 300 多项试验中，针刺测试是被公认为最严苛、最难达成的安全测试项目。然而就是这样一项极为严苛的测试，被比亚迪的刀片电池成功攻克了。

目前，比亚迪的纯电动车型和混动车型基本都采用了刀片电池，而这些车型与电池有关的使用体验，都得到了消费者的好评。

在这之后，比亚迪的发展确立了两条路线，一是纯电动车型，二是混动车型。行动力极强的比亚迪甚至在 2022 年做了一个大胆的决定——停止生产燃油车，全面转向新能源。而也正是这种破釜沉舟的勇气，让比亚迪开始在纯电动技术和混动技术上大招频出。

2021 年，比亚迪推出了超级混动技术 DM-i 系统。这套系统本身和刀片电池有着相当高的契合度，同时也是一套以电驱为主的高效混动系统。相比于丰田的 THS，DM-i 的技术原理与本田的 iMMD 比较接近，但内燃机介入的工况会更少，效率也更高。DM-i 系统的结构是双电机、高热效率发动机、单挡减速器的组合。日常状态下电机会驱动车辆，而发动机会长期处于最高热效率状态，带动发电机为电池充电。由于变速器没有了齿轮结构并且是由电机驱动，整车在日常工况下的平顺性表现极好，因此DM-i其实是一套以省油舒适为取向的插电混动系统。

在比亚迪混动发展史上有一款车在其车型发展史中占有重要地位，即第一代比亚迪秦。由于该车使用了比亚迪第二代的DM混动系统，它的百公里加速可以5 s完成。

如今，比亚迪也将动力强劲这个特点保留到了现有的技术上，这项技术就是全新的DM-p混动系统。这里的p就是power的意思。这是一套以运动为取向的插电式混动系统，它有别于我们通常理解的混动，而是兼顾节油和强动力性能表现，可以说是混动中能带来驾驶乐趣的形态。

相较于混动车型在动力总成的技术迭代，比亚迪在纯电动车型上更注重整车平台和配套技术的优化，如e平台3.0。而我们之前提到的刀片电池，也是e平台3.0的一个重要组成部分。

众所周知，纯电动车的技术先进与否很大程度上取决于车辆的平台，像早期车企采用油改电方式打造而来的纯电动车，其技术就相对落后。而为了将纯电动车的技术优势发挥到最大，比亚迪为旗下的纯电动车打造了专属的电气化平台，也就是e平台。

在某种意义上，e平台并非一项技术的代名词，更像是集合了一整套前沿技术的统称。e平台1.0时代采用的是分散独立设计；到了e平台2.0时代，则是电驱动三合一、充配电三合一；而如今的e平台3.0，则是全球首创的八合一电动力总成，如图1-5所示。

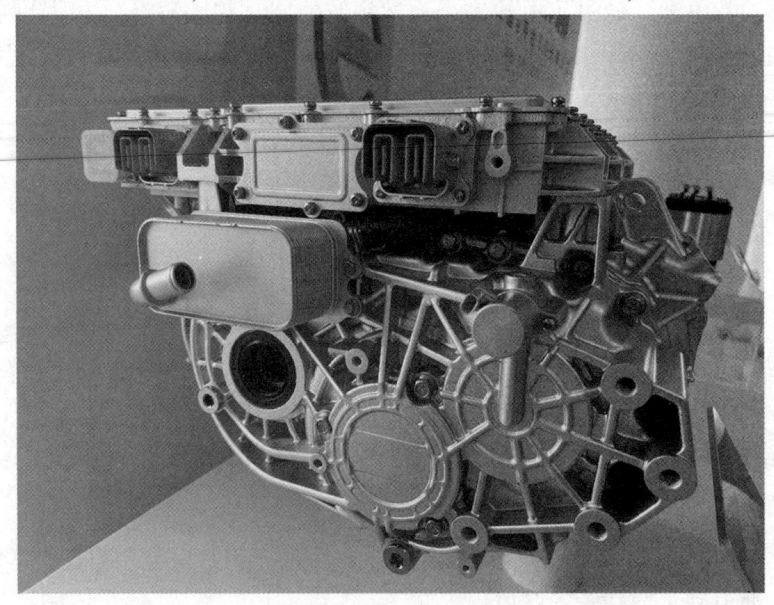

图1-5 八合一电动力总成

所谓八合一电动力总成，是指将驱动电机、电机控制器、减速器、车载充电器、整车控制器、电池管理器、高压配电箱和直流变换器集成在一起，通过功能模块的系统高度集成，达到提高空间利用率、减轻重量等目的，具有高度集成、高功率密度、高效率的特点。

高度集成化八合一电动力总成，带来了更好的动力表现，电机峰值功率为270 kW，峰值扭矩为360 N·m，最大转速为16 000 r/min，但系统噪声低于76 dB；功率密度可提升20%，综合工况效率高达 89%。以比亚迪海豹为例，其电机峰值功率为 230 kW，峰值扭矩为 360 N·m，四驱版本车型 0~100 km/h 加速时间 3.8 s。未来，八合一电动力总成将支持车辆实现 0~100 km/h 加速时间 2.9 s。

在 e 平台 3.0 的架构下，我们能看到的新技术包括 CTB 底盘电池一体化、全新的域控制电子电气架构、八合一的电驱总成、温域很宽的热泵、升压快充等。这些技术本身都是组成 e 平台 3.0 的一部分。基于 e 平台 3.0 研发的新车海豹，根据它各方面的表现，不仅体现着比亚迪的技术研发实力，更是在新能源领域里自成一派。

比亚迪的成功并非一蹴而就，实际上它经历了很长一段时间的低谷期，以至于国内消费者对于它的争论从未停止。如今它的成功，更像是一次技术积累的厚积薄发。而这也赋予了比亚迪一个独特的意义，就是造车新势力或传统品牌很难复制比亚迪的成功路径，因为它们缺少技术的积累和沉淀。

比亚迪对于市场的判断比其他人更早，起步时间也更早，所以如今能获得消费者的认可，这是时代发展的必然。针对特定消费人群的产品，拓宽了比亚迪的潜在用户群体。早些年，比亚迪的产品线还相对单一，尤其是混动车型会受到一些推崇技术的小众人群的喜爱。如今比亚迪通过积累的经验推出了一项又一项的新技术后，率先解决的就是产品线较为单一的问题。例如，比亚迪的王朝系列经过了多年发展，如今已经成为新能源车市场最重要的家族产品之一。包括纯电动车型、DM-i 车型、DM-p 车型，各种动力总成也都应用在了不同的新车上，尤其是比亚迪汉成了近些年备受瞩目的高端新能源车之一。

通过打造家族产品看到了潜在消费人群的需求，比亚迪在 2022 年又推出了军舰系列和海洋系列。前者主打高端有品质感的混动车型，后者则主打年轻化和精致感的纯电动车。目前海豚、海豹已经上市，而尺寸更小、级别更低的海鸥也已经有了谍照图，可见比亚迪推出新品的速度之快。

事实上，与其他车企将轿车和 SUV 分门别类不同，比亚迪是将车型统一成一个系列，如王朝系列、海洋系列、军舰系列，而不会刻意将 SUV 与轿车的定位区分开。这样做的好处是，消费者可以清楚意识到每一个系列的特点是什么，然后在此系列中挑选适合自己的车型，而不会面对造型不同，但级别和定价相似的车型无从下手。

可以说，前几年比亚迪对待技术的执着和认真值得称赞，但缺少了一些对消费者需求的把控。而如今的比亚迪在仍旧以技术为主导的同时，还能针对不同消费人群打造不同的产品。

比亚迪的成功并非某一个因素所造成的，技术的积累和对消费者需求的洞悉缺一不可。当市场恰好需要一个这样的品牌时，已经做好了一切准备的比亚迪，自然也就成了消费者最青睐的品牌。

在人才辈出的汽车市场，用技术创新打动消费者虽然可行，但很容易就会陷入叫好不叫座的局面，如马自达、斯巴鲁都是先例。比亚迪不会犯这个错误，因为它更懂得如何良性地营销自己。例如，比亚迪将"魏"系列的商标专利无偿转送给了长城汽车。这种推己及人的做法提升了比亚迪的路人缘，也正因如此，当每一个不了解比亚迪的消费者有购车需求时，看到这家有好感的品牌既有技术支撑，又有对消费者的各种福利，那么销量的持续增长也就是一件顺理成章的事了。

1.5　小　结

本章从发展历史、重要性及思维方向三个角度讨论了软件需求分析。作为软件工程过程的第一步，软件需求分析需要"厚积"，这样才能在工程后续步骤中做到"薄发"。

> 厚积薄发出自宋朝苏轼的《送张琥》："呜呼，吾子其去此而务学也哉！博观而约取，厚积而薄发，吾告子止于此矣。"厚积指大量的、长时间的充分积蓄。薄发中的"薄"，同"厚"形成对照，指的是在一定观读量、知识储备的基础上，客观、准确地发表和传授给别人。

1.6　习　题

1. 简述软件需求分析的发展历史。
2. 在增量软件开发中需求分析应该如何进行？
3. 软件开发中的需求分析在哪些方面容易出现问题？
4. 软件开发活动中为什么要重视需求活动？
5. 为什么软件项目有较高的失败率？

第1章　习题答案

第 2 章　软件需求概述

内容提要

从整个软件工程过程的角度来看，软件需求是其中的第一步，是整个过程的最初阶段。软件需求决定着软件工程过程的方向，正确的方向将引导后续的软件工程过程，走向软件的成功。然而，确定正确的方向并不是一件容易的事情，软件需求涉及客户、用户、程序员、运维人员，以及业务、技术、环境、政策、习惯等各个方面的要素。软件需求也是整个软件工程过程中所有相关人的利益交接点。

本章首先从软件需求的定义出发，从三个角度描述软件需求；然后介绍各种各样的软件需求类型；随后给出软件需求的主链，即业务需求、用户需求、功能需求；最后简述软件需求的过程及软件需求管理。

学习目标

■ 能陈述：软件需求的定义
■ 能分辨：软件需求主链的三种需求及它们的类型，功能需求与非功能需求
■ 能讲述：软件需求工程
■ 能领悟：价值交付在软件需求工作中的重要性

2.1 软件需求的定义

本节首先观察一份开发人员与客户初次会面的谈话记录,从中体会双方在沟通需求时存在的思维差异。随后,我们将从不同角度去定义软件需求,介绍各式各样的需求类型。

2.1.1 与客户的初次会面

小刘所在的软件公司与一家社区零售商已经达成了合作意向。公司将为零售商开发一套便利店系统,系统将被安装在零售商在全市几个小区中开设的便利店里面。小刘受公司指派与零售商尚总进行接洽,下面是小刘与尚总关于系统的对话。

关于系统的对话

小刘:对于这个便利店系统,贵方需要有什么样的功能呢?

尚总:在开设第一家社区便利店的时候,我们使用了一套网上免费的便利店管理系统。这套系统虽然不是非常好用,但是基本上可以保证社区便利店的正常运转。现在我们在四五个小区都开设了便利店,慢慢开始感觉到这套系统变得越来越难用了。

小刘:系统为什么变得越来越难用了?

尚总:首先,我们不能及时了解每一个门店的缺货情况。只有一家便利店的时候,我们可以快速地查看货架来确定缺货的商品。现在多家便利店分布在不同的小区,我们可以让门店人员把缺货信息发给我们。这样做一是信息传递不够及时,二是信息统计不准确。

小刘:那就是需要对每个门店的每类商品设置一个阈值,低于阈值时,自动提示。或者简单地说,对每个门店,要有一个"商品补充统计"功能,然后还应该有一个对应的"缺货上传"功能,能够自动地把缺货信息上传至库房。

尚总:是的。不过我们的库房就在总店的后面,一般我们是把这些信息发送到总店。总店收集到所有缺货信息后,再交给库房去派送。

小刘:总店其实也扮演着库房这一角色,那么软件界面上是要有总店进入选项及分店进入选项。对了,那商品进货入库也应该放在总店界面,是吗?

尚总:我们有独立的库房入库、出库业务,有专门的人在负责,他可能也有日常事务,如损耗处理与商品配送。

小刘:哦,还是要独立出库房管理功能……

从上面的对话可以看出,当开发团队人员第一次与客户见面时,通常客户听到的是开发人员在讲功能、界面、按钮等软件概念,而开发人员听到的是客户在讲流程、规则等业务概念。两者之间存在思维鸿沟,需要通过执行软件需求工作达成一致。

2.1.2 软件需求的三个角度

电气和电子工程师协会(Institute of Electrical and Electronics Engineers,IEEE)对软件

需求的定义如下。

（1）用户解决问题或达到目标所需的条件或能力。

（2）系统或系统部件要满足合同、标准、规格或其他正式规定文档所需具备的条件或能力。

（3）一种反映（1）或（2）所述条件或能力的说明文档。

以上定义从三个角度对软件需求进行了阐述。首先，当用户在业务环境中遇到问题，或者在现实世界中有既定目标时，由于条件或能力所限，用户无法解决问题或达到目标。那么，亟待满足的条件或能力就是用户的要求。其次，对于系统而言，需求是指通过设计、构造、实施系统使之达到规定的操作条件或功能能力。最后，软件需求应该记录在文档中，记录用户亟待满足的条件或能力及系统需要达到的操作条件或功能能力。

因此，软件需求在实物上是一系列文档，它记录着用户要求、系统功能及两者之间的中间物。简单地说，这些文档是用户和开发人员之间的桥梁，需在具有不同背景的人员之间形成共识，最终应用于解决用户的业务问题或实现既定目标的软件实现过程。

2.1.3　软件需求实例

上面正式定义的软件需求强调了用户要求及系统功能。在真实的场景中，除了用户要求及系统功能，还有许多不同类型的需求，这些需求定义着软件系统的方方面面。下面我们通过实例来列举这些需求。

（1）我们的生产成本需要降低20%。这是业务需求，用来描述开发产品的组织或获取产品的客户所需的高层次业务目标。

（2）当物件的库存少于10%时，系统给出进货提示。这类需求是业务规则，它们是组织的策略、纲领、标准或制度，能够定义或约束某些方面的业务。

（3）系统应该有自己的内存管理器。这是约束，是对开发人员在产品设计和构建上的限制条件。

（4）销售数据可以通过Excel表格文件导入导出。这是外部界面需求，对软件系统和用户、其他软件系统或硬件设备间的关联进行说明。

（5）浏览器需要有书签。这属于特性，用来描述单个或多个为用户提供有价值的、有逻辑关系的系统能力，可以通过一个功能需求集合进行描述。

（6）在系统中的任意窗口获得焦点时，当用户按〈Ctrl+H〉快捷键时，可以弹出帮助界面。这是功能需求，用来描述系统在特定条件下的行为。

（7）允许同时访问的用户数上限为100。这是非功能需求，用来描述系统必须展现的属性或特性，或者必须遵守的约束。

（8）系统应该采用B/S架构。这属于系统需求，是包含多个子系统的产品的顶层需求，子系统可以是软件，也可以是硬件。

（9）操作员扫码后价格可以自动弹出。这是功能需求，指特定用户群必须能够用系统所完成的目标或任务，或者是用户期望有的产品属性。

通过上面的实例，我们可以看到软件需求不是通过用户要求及系统功能所能简单描述及界定的。包括这两者的各种各样的软件需求，共同界定了软件系统，是软件工程过程向着正确方向行进的轨道和路标。

2.2   软件需求主链

软件需求工作中有一条主链,将上面的各种类型的需求串联在一起。主链上的需求依次是业务需求、用户需求及功能需求。简单地讲,业务需求指明方向(软件系统需要解决什么问题),用户需求体现价值(为了解决问题所需的一系列工作),功能需求实现价值(定制软件功能,完成工作,解决问题),它们的关系如图 2-1 所示。下面我们依次介绍这些需求。

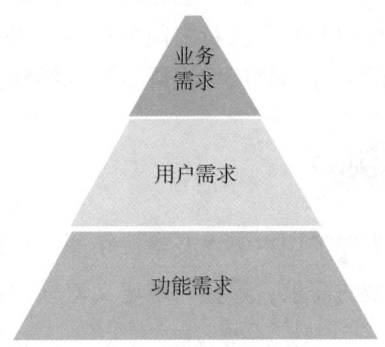

图 2-1   软件需求主链

2.2.1   业务需求

在工业生产过程中,生产经营者要执行原材料入库、产品生产、产品出库等一系列工作。在商品流通领域,管理者要执行商品的进、存、销,资金的流转,以及人员的调配等工作。在社会管理层面,政府要执行流动人员管理、治安联防等工作。上述的所有工作都可以看作业务。

当业务的管理者或执行者对业务的流程或结果的期望高于现状时,就产生了业务需求。例如,原材料入库这一业务在执行时,目前需要一名协调员及一名记录员。但是,管理者认为原材料入库人员成本过高,期望由一名人员来同时完成协调及记录工作。于是,他就提出一条业务需求:减少一半的入库人员。

业务需求是组织对其执行的业务提出的关于流程优化、效益提高、信息管理等方面的需求。一般而言,业务需求是组织中的管理者在上述方面发现问题后提出的。激发管理者提出业务需求,有以下几种情况。一是在业务流程中引入软件系统,可以明显地提升业务流程执行效率,降低风险,节约成本。二是新技术的出现,可以明显拓宽业务的渠道(电子商务)或提高业务绩效(智能辅助决策)。三是将组织中的专家知识转存在软件系统中,有利于重复应用、扩大使用。

业务需求具有宏观性及方向性。业务需求一般由组织高层人员提出,表述简洁,是整个软件需求的起点,指明了后续软件需求工作的方向。

2.2.2　用户需求

具体的一个业务过程，是由一线的操作人员执行完成的。例如，入库人员引导原材料进入仓储指定位置；财会人员支付一笔原材料账款；社区网格员统计即时流动人口信息等。

一个业务过程或其中的一些步骤若由相关人员通过软件系统来执行，则他们期望软件系统完成的具体业务任务即用户需求。例如，入库人员引导原材料入库，希望入库流程变得简洁甚至自动化。于是，入库人员提出一条用户需求：入库信息快捷进入库存数据库，并自动提示仓储入库位置。

用户需求是一线操作人员对其要完成的具体业务任务，提出的关于操作固化、便捷操作、权责明晰等方面的需求。用户需求的产生有以下几种情况。一是通过将业务任务中重复的操作固化到软件系统中，由软件辅助执行，减少工作量。二是通过软件系统，（部分）业务步骤操作更加快捷。三是通过软件系统，界定操作范围，从而清晰化业务任务中的权力与责任。

用户需求具有微观性及多样性。用户需求一般由具体业务操作人员提出，表述繁杂，形式多样。满足用户需求是软件系统价值的体现，用户需求经过软件需求分析师处理后，将转化为后续的功能需求。

2.2.3　功能需求

在开发软件系统之前，软件系统的功能应该被清晰地定义。从逻辑上讲，一项或多项功能应该可以满足一个用户需求，如扫码入库、仓储空闲位置显示、转账、微信支付、多选项信息查询、Excel 信息导入等。

不同于业务需求及用户需求，这两种需求是由客户或用户提出的，功能需求是由软件需求分析师分析前两种需求后所产生的智力成果。功能需求用于指导软件开发人员进行软件系统实现及测试人员生成测试用例。例如，对于用户需求：入库信息快捷进入库存数据库，并自动提示仓储入库位置。经过分析，软件需求分析师可以提出：缺货原材料二维码生成、扫码入库及仓储空间位置显示等功能。

功能需求是软件需求分析师分析的结果。业务流程可以通过程序逻辑来实现，业务数据可以通过数据库来实现。在设定功能需求时，总的方向是解决业务需求，满足用户需求。此外，还要结合需求获取阶段收集到的各类非主链需求，如业务规则、政策、操作环境等要求。最后，要仔细斟酌非功能需求，即软件质量属性。

功能需求具有可实现性及明确性。功能需求所指定的程序逻辑或数据存储，必须是在现有的条件下（操作环境、技术等）可实现的。一个功能所包含的所有步骤必须是被清晰定义的。

2.2.4　软件质量属性

软件质量属性在有的地方也称为非功能需求。不同于主链上的需求，软件质量属性通常

是用户不经意提到的，甚至不会主动提出。其可能的情况有以下几种。一是质量属性是用户场景下的默认状态。二是需求提出者和软件系统使用者不是同一群体。三是系统使用之前未料到的使用场景。

软件质量属性通常决定着软件的受欢迎程度，甚至软件系统的成败。例如，考虑到易用性，为老年朋友开发的手机 APP，字体应该足够大；考虑到安全性，为小朋友开发的手机 APP，长时间连续使用必须给出提示，且色彩应该是护眼类型；考虑到对外接口，软件需求分析师必须注意到能够导入导出系统的文件类型；考虑到国际化要求，软件需求分析师应该澄清需要设置的全部语言类型。

2.3 软件需求工程

软件需求工程是整个软件工程的初始步骤，而软件需求工程本身也包含几个子步骤，如图 2-2 所示。从顶层划分，软件需求工程分为需求开发与需求管理。需求开发又包含四个步骤。本节将简要介绍软件需求工程。

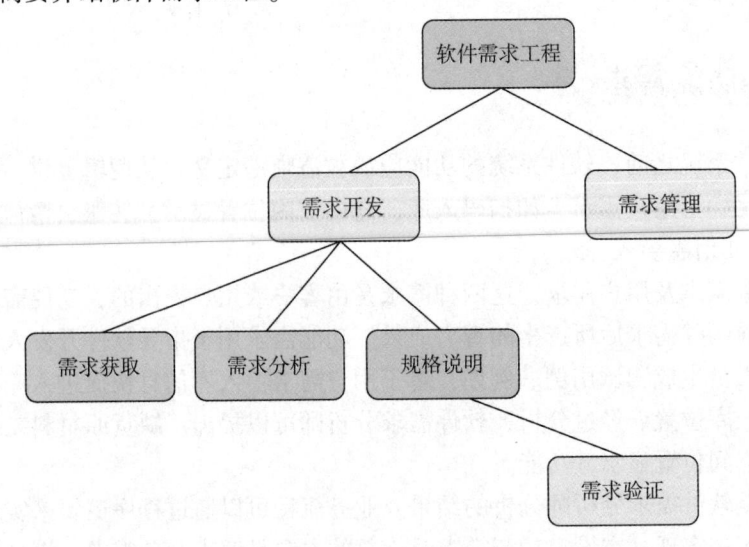

图 2-2　软件需求工程

2.3.1 需求开发

软件的需求开发，包括需求获取、需求分析、规格说明及需求验证四个步骤。需求获取是整个工作的起点。获取到的各类软件需求，经过分析处理后，将形成软件需求规格说明。完成软件需求规格说明的撰写后，进行需求验证。

需求开发所投入的工作量与软件开发模式密切相关。如图 2-3 所示，在传统的瀑布或顺序软件开发模式中，需求开发在软件项目的初始时间段将大量进行。随着时间的推移，其工作量越来越少。在增量或敏捷软件开发模式中，需求开发工作量呈波浪式随时间向前推进。

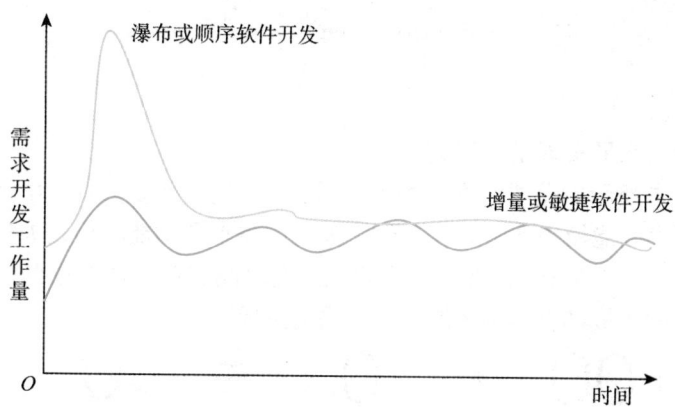

图 2-3　不同软件开发模式下的需求开发工作量

需求开发活动的四个步骤并不是一次性顺序进行的，而是相互交织、渐进和迭代进行，如图 2-4 所示。需求分析不清楚的需求需要继续和客户交流进行澄清。在撰写软件需求规格说明时，不完整的需求需要补缺分析。未通过需求验证的规格说明，需要返工（部分）重写，或者重新进行需求分析，或者请客户再次进行需求确认或更正。

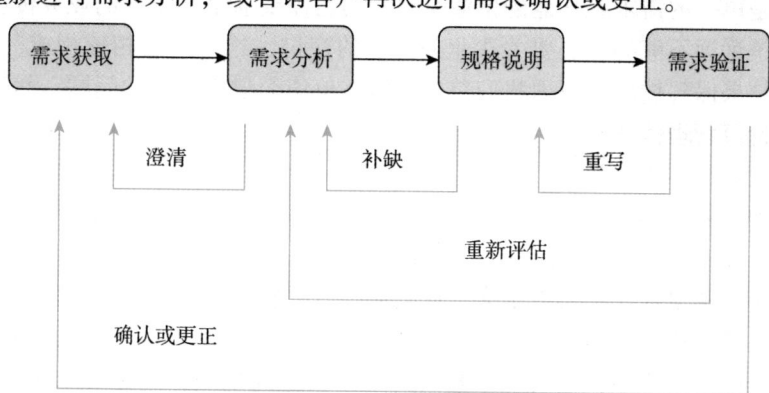

图 2-4　需求开发活动

2.3.2 需求管理

如图 2-3 所示，无论采用何种软件开发模式，软件需求工程贯穿整个软件工程过程。然而，开发团队不会在软件需求"完美"之后才进行软件开发，通常在某一特定产品版本中对实现的一组功能和非功能需求集合达成共识后，即可以执行开发活动。

这里的一组功能和非功能需求集合也称为需求基线，它是软件需求管理的基本执行单位。在软件工程过程中，当有需求变更提出后，软件需求分析师要通过变更记录，对照需求基线分析检查变更，最后和客户、软件团队一起协商执行项目变更。

2.4 价值交付

对客户需求的高水平实现是价值交付。

我们先看图2-5所示的公式。在这个公式里，100代表研发效能，0代表业务成果。这个公式表示即使研发效能做得非常好，交付了大量的需求和功能，但是如果得不到期望的业务成果，那么这个结果就是0。因此，一定要把研发效能和业务成果放到一起，两者相辅相成，任何一个方面的短板都会影响最终业务结果的达成。

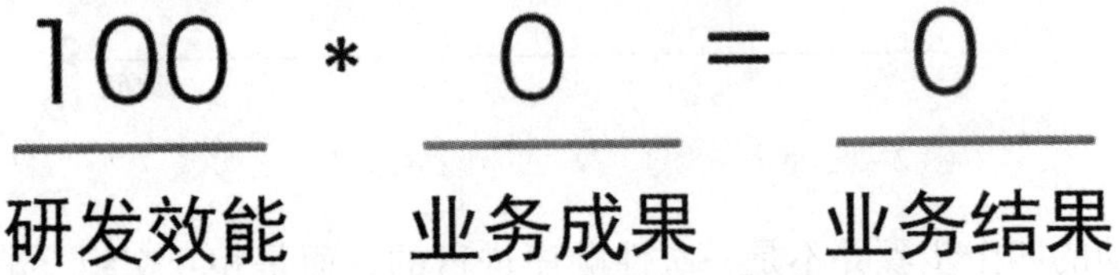

$$100 \quad * \quad 0 \quad = \quad 0$$

研发效能 　　业务成果 　　业务结果

图2-5　业务结果公式

如果软件开发团队想要获得好的业务结果，就必须打造出持续的业务价值交付的项目管理体系。这不是单一的需求和功能的价值交付，而是需要立足于全局的业务价值交付。只做到需求的交付是远远不够的，还要关注业务价值的交付，这两者是相辅相成，缺一不可的，要共同为业务结果保驾护航。下面我们首先了解在价值交付中遇到的问题，然后讨论解决办法，最后介绍价值管理体系。

1. 价值交付中遇到的问题

价值交付中会遇到如下三个问题。

（1）战略不清晰，业务目标不聚焦，如图2-6所示。特别是在创新性的业务里面，大家对于业务的美好愿景往往都会有很多，如我们要改变行业，要成为行业的翘楚，但是在这个愿景下的战略是什么，新创建的业务可能不太清楚。定位都是打出来的，然而战略不是。战略是达成愿景的一个规划，是对美好愿景的一个长远的规划，它是一个比较远大的目标，也是工作安排或业务规划的行动纲领和指导思想。

战略不清晰
业务目标不聚焦

图2-6　业务目标不聚焦

（2）产品堆功能，业务各自为战，如图2-7所示。例如，对于大型创新型项目，立项之后产品团队就开始疯狂去提需求，把前景描绘得非常美好，随着功能不停地堆叠，开发

团队就来不及做，结果就导致要"砍"需求，而这一点不容易做到，因为产品需求站在用户的立场，即所谓的"客户第一"的制高点，它的后援团队非常强大。当前很多软件开发团队都非常喜欢敏捷过程，就是因为这个过程对需求的要求不高。这导致在一个产品里面，有时候甚至会出现非常类似的两个功能。这里面出现的问题对于单个团队而言，敏捷过程能运转得很好，效率很高，也有着非常高效的交付；但对于多个团队而言，就会出现需求越堆越多的情况，没有业务场景的规划，特别是各业务团队之间的不相互配合。其本质的原因是缺少整体的、全链路的业务规划，没有认真地从上往下梳理。这导致业务之间的关联关系、协同关系越走越远，只剩下一堆又一堆的需求。

图 2-7　业务各自为战

（3）小步快跑、浅尝辄止，价值挖掘不深入，如图 2-8 所示。小步快跑是一个非常重要的交付思想。但是往往会出现一个问题，在被关键绩效指标（Key Performance Indicator, KPI）的时间限制的情况下，项目团队可能只做了一点尝试，看到问题就退，导致团队走得不够深入，如同图 2-8 里面的人挖的井并不能储存住水。在这里我们要相信业务人员的市场敏锐度，要相信他们对用户心理的把握，要给业务人员足够的机会。当然绩效也应该关注，如果一个功能或某个业务一直产出，结果却不好，那么他们还是应该为最终的结果买单。

图 2-8　价值挖掘不深入

有如下两个原因导致了上述问题。

（1）创新型项目本身的不确定性。业务要快速发展，在没有找到一个增长点的时候，就需要不停地尝试，响应各种变化。但是在变化的过程中，是没有形成合力的。

（2）价值挖掘得不充分。一方面，在执行的时候，相互之间的配合和协同没有做起来。同样一个比较有趣的功能点呈现给用户，我们只做到了分发，而竞品能做到全方位的立体包

装，进行营销、造势、传播。竞品是海陆空同时上阵协同作战，这对于分散的团队来说比较困难。另一方面，每一个需求的背后，没有充分地挖掘价值。有时一个点的体验或功能没有做到位，处在临门爆发的一脚上，在小步快跑的过程中，没有深入琢磨，在复盘的时候就被匆忙地舍弃了。直到有一天别人做了同样的功能，并且受到欢迎之后才发现，原来我们离成功是这么近。

2. 问题的解决方法

针对前面描述的几个问题以及对其产生原因的分析，项目团队如果要避免以上情况的发生，就要用全链路的业务视角来考虑这些问题。这需要从三个方面具体实施，即业务的目标对齐、过程的高效交付、组织保障的配合。

（1）业务的目标对齐。

目标对齐就是要做到价值交付，首先我们要做到业务目标的对齐，做到业务价值的交付，把敏捷的持续交付，从需求领域扩大到业务领域。

图 2-9 中的内圈是敏捷的迭代式增量软件开发过程，即 Scrum 的运作框架。在创新型项目管理的体系化建设过程中，在这个框架的前后分别增加了一些内容，并建立了一个闭环机制。在持续交付需求迭代之前，增加了业务上的内容，有半年一次的业务规划，还有月度的产品规划。在迭代复盘（交付复盘）之后，增加了一个业务复盘。业务复盘计划是双月一次的，但是在执行的时候也可以每月一次，只是规模大小不同，可以交错执行，一个月大复盘一个月小复盘。在小规模的复盘中，由业务团队、项目负责人自主地去跨团队找问题做改进，然后把团队的改进措施和问题点统一收集整理。在大规模的复盘中，还要增加积极的反馈、依赖关系的梳理、战术的调整等内容。

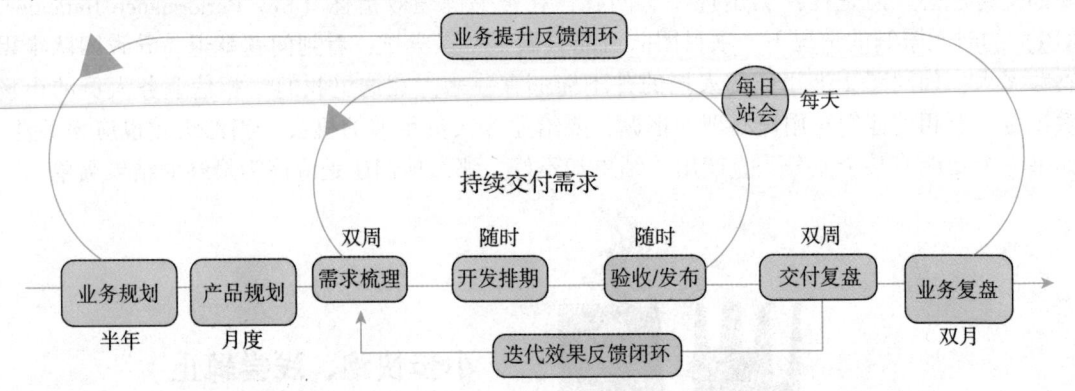

图 2-9　运作框架

业务规划和复盘既不是单业务的，也不是单项目的，而是针对所有业务和所有的重大项目的。在这些业务和项目里，要有一个共同的大目标，要进行横向的业务链接和依赖的梳理。在项目管理机制的打造上，除关注需求交付的效率外，还要关注整体业务价值的交付，做到持续的业务价值交付。

在执行阶段，产品经理应该投入大量时间在业务侧，包括制定业务目标、拆解业务目标、确定业务的战术和打法等。业务型产品经理此时的作用就是当战略目标业务规划不清晰时，要能带领团队参与到每一个业务和每一个项目中，从而讨论清楚战略目标、业务目标、业务规划，找出每个业务、每个大的战役项目之间的链接点，并且做到拉通。虽然产品经理不是业务领域的专家，但是他应该最了解业务的全局，能站在全局的视角上，补位各业务和

各项目。

产品经理要踏踏实实、真真切切地融入业务活动，要与首席执行官（Chief Executive Officer，CEO）建立信任关系，并保持高效和高频的互动。产品经理在规划和回顾阶段最需要和CEO、HR配合作战。在规划时现场拍板给结论，非常考验CEO的智慧。一旦有疑问必须在会上有结论，如果在会上确实难以达成结论，要在会后及时讨论，并且给出结论。哪怕这个结论在当前的情况下不是最正确的，也需要给出一个结论，不能让业务等待。HR的作用也很重要，因为当新制定的规划确定以后，还会涉及组织架构的调整，以及人员的招聘，这些都离不开HR。

图2-9中包含业务规划与产品规划。小的产品规划相对简单，在企业内部找一个大会议室即可，利用半天或一天的时间，做完项目调整，明确负责人目标。大的规划会略微复杂，尽量把人都集中到外面去，这样会更有仪式感，人员参与度也会更高，在效率上也能得到更大的提升。在规划会开始之前，产品经理一定要提前做好准备，当业务或规划会"卡壳"了，一定要有新的办法和新的方案，让大家换一种思路来讨论问题。

图2-10所示是唐僧师徒四人取经，他们是一个团队，并且是一个非常伟大的团队，他们从战略到个人目标的设计和支撑都做得非常好。唐僧师徒四人不但做到了大目标的匹配，个人小目标与大目标的匹配，还做到了横向对齐，上下能够形成有效的支撑、一致的目标，大家能够随着业务一起成长，各取所需。唐僧师徒的目标体系蕴含着目标制定的四项原则：匹配战略、阶段聚焦、可衡量、一致认同。

图2-10　唐僧师徒四人取经

匹配战略要求，无论是公司目标还是团队的目标，项目的目标必须要和战略规划匹配，必须对战略的目标起到有力的支撑。如果和战略目标不匹配，宁愿放一放或砍掉它。例如，我们今年在战略上说要聚焦一个方向，在战略方向确定后，那么所有的目标都不能偏离这个方向。

阶段聚焦意味着整体要有一个节奏，例如，规划要求上半年做什么，下半年做什么，甚至细化到这个月做什么，下个月做什么，一定要有一个聚焦，这样才能让多个团队形成合力，形成跨团队的合力，最终的产出才能整合放大。

可衡量比较简单，例如，在性能优化上，要求系统启动时间要小于2 s，帧率要大于8 fps。若没有这些客观指标，则找一些主观指标，通过投放问卷、用户调研，来找出新产品标准。对于一些非常重要的项目，或者一些重要的发布，往往是客观和主观的指标都要达到，才能上线。

一致认同包含两层意思。第一层意思是下面对上面的目标要认同，也就是对于公司目标，CEO的直接下级要认同；对于团队目标，团队所有成员要认同。第二层意思是跨团队的目标认同。因为很多项目不是单一的，需要让其他团队有足够的动力来配合完成，所以需要这一层的认同。在最低限度上，所有人员可不同心，但需协力。

目标很重要，不但要有统一的大目标，还要有具体到每个团队、每个项目的小目标。更重要的是要把目标拆解到月度、周，甚至天，因为运营的项目有时候会比较短暂，本身就只有一个星期的时间。心理学家曾做过一个实验，让三组人走同样的路程，去不同的村庄。第一组人对整个路程一无所知；第二组人知道村庄的名字和路程；第三组人不但知道村庄的名字、路程，而且还能看到路旁每隔 1 km 就有一个里程碑。其实，这三个村庄的距离、路况相差不大，但是最后测试的结果很不一样。第一组人由于对路程一无所知，越走情绪越低落。第二组人因为知道路程，当他们情绪低落的时候，只要有人说快到了，大家又能加快步伐。第三组人因为目标明确，心中有数，于是越走情绪越高涨，所以很快就能到达终点。

上述例子说明在目标拆解过程中，需要拆解成一个个小的里程碑，每个小的里程碑要求阶段性能达到，一步步累加，达到最后的大目标。

（2）过程的高效交付。

过程的高效交付，需要做好业务结构的梳理以及人员职责的处理，需要整个过程的有效透明。可以把不同职能、不同角色，还有不同的活动串联到一张表上来，这样大家就能明白在什么阶段是谁要对什么样的结果负责，应该要协同的团队有哪些。

落地执行过程中，团队要做到统一，即统一的指挥，还有统一的步调。在行进中节奏很重要，如同踏步走，口令要喊起来，用口令带动节奏。产品经理需要制定节奏的规则，还要到点吹响集结号。

对于多团队及业务方，点对点的发布沟通很难做。这种情形下，通过班车机制的建立，做到到点发车，让每一个业务团队、每一个项目方，能按照节奏来自动匹配。好比要找人，给了明确的地址和人员特征以后，只需按图索骥、自行匹配即可。总而言之，团队不仅要建机制，还要建节奏，要把这个节奏给带起来。在业务和项目的执行中让一切透明，让数据说话，这也能让团队之间形成一种赛马机制，形成一种就事论事的通用的沟通方法。透明能够通过看板来做，可以是物理看板，也可以是电子看板，通过两种看板的结合，做到既有仪式感，又能收集数据。一般要把最大的目标做成物理看板，每天或每周目标做成电子看板。

站会可以选在晚饭前召开，一般是在 17：30 左右，因为白天通常会有很多事，在这个时间点团队集合，把大家的心给拉回到干事上，整理大家的思绪和心情。白天会议中达成的一致性结论，在站会上要进行广播。站会上讲的内容包含两点：讲今天的结果，告诉下游要做好接受的准备，看看接手有无风险，有什么计划和安排；讲明天的计划，告诉上游今天要做好交付的准备，没有完成的工作要加班处理，否则明天下游无法启动。另外，站会要做有解法的问题或讨论，做到全员同步，对于没有解法的问题，要记录下来，会后再讨论。一般来讲，如果需要上升的讨论和问题，当天一定要反馈给上层，请他们做出最后的决策，通常不会延迟太久。通过站会，把进展信息都做了对齐和拉通。

交付过程中遇到突发情况可以通过新赛道机制解决，做到过程高效决策，如图 2-11 所示。通过系统监控，一些种子用户的反馈，顾问发现的问题，还有老板抓住的市场机会和热点，团队要能及时快速地响应，并且做到产出和交付。通过新赛道机制来保证过程的及时响应和快速决策。例如，在某些运营活动上，甚至能够做到上午听到一个好的决策，要做一个运营的项目，下班前该项目能够发布上线。遇到一些紧急的需求，需要有应急机制来响应，保证快速决策、快速落地。对于线上故障，团队也应有一个故障的应对处理机制，保证对用户的伤害降到最低。对于用户，采取在线客服，建立日常值班小组，负责解答用户的问题。日常值班小组是非常重要的，当有突发情况的时候，团队能够方便地找到人，做到及时响应，这些都是做到高效交付的基本保证。

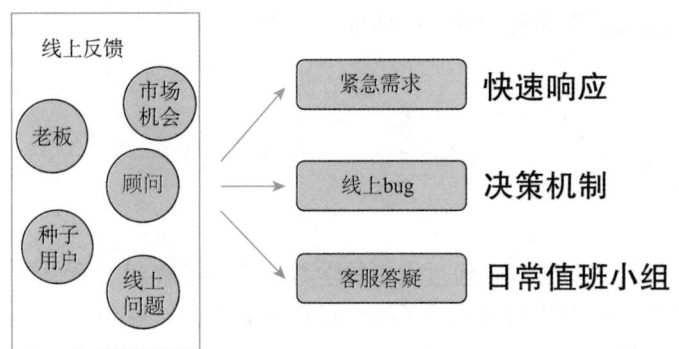

图 2-11　过程高效决策

（3）组织保障的配合。

在组织保障上，要考虑招募人才的标准、工作氛围的营造及激励机制这三个方面。首先是对人才的要求，人才是最宝贵的。组织保障最重要的就是人才标准的确定，以及人才梯队的建设。通过建立员工的能力模型，组织内部的人员知道自己的能力水平，这同时也是招聘衡量的一个维度。当然，绝对不能要求所有的员工一模一样，人才的多元化也是非常重要的。组织还要营造各种各样的团队氛围和项目氛围。在氛围的营造上，注重仪式感。例如，在项目的冲刺阶段，要调动所有人的积极性，调节紧张氛围。不用刻意地去做，而要贴近生活，贴近一线员工，借助日常发生的事，学会抓点。要让大家不断地享受胜利，把大目标拆解成多个阶段的小目标，随着小目标一个个地实现，大目标其实也在不知不觉之间达成。虽然过程很难，但是成果也大，能让大家获得成就感。

组织保障肯定要有激励。除每半年一次的绩效认可、每年的年终奖以外，公司还可以设置季度的颁奖会。颁奖会最重要的是要奖励取得成果的项目和团队，这个奖励是公司级别的，全员都会出席。在颁奖会上，获奖者要表示感谢，传递能量。

3. 价值管理体系

最后，形成了一张图、一场仗、一颗心的三个"一"价值管理体系，如图 2-12 所示。

图 2-12　三个"一"价值管理体系

一张图是指业务一张图，通过跨团队的不断地对齐和拉通，达成了业务目标。团队和项目的需求，要朝着业务目标对齐，开发任务和交付要靠需求对接，建立一个目标分解体系，做到上下的一个有效支撑、左右的一个横向对齐。

一场仗是指行动一场仗，通过一系列的活动，如业务规划、开发排期、站会等，形成统一的指挥，建立节奏感，核心要围绕业务目标，做到业务的快速调整，人力部署的快速响应。在过程中能够把节奏感建立起来，并且形成一个良好的势能，不断地走下去。

一颗心是指团队一颗心，通过生产关系的梳理和组织结构的优化，从分散的团队到弱矩阵，再到虚拟的特性团队，组织上要做到充分的授权，通过一系列透明化的协作和大大小小的战役，建立起战友情，提高整个业务团队的战斗力。

2.5 小 结

本章介绍了软件需求的定义。通过本章的学习，我们了解到了整个软件需求工程自始至终需要与人进行交互，首先从组织高层了解项目业务需求，然后获取各类用户需求，最后将这些需求转化为需求规格说明供程序员、测试员实施。在整个过程中，软件需求分析师是信息的吸收者、理解者和整理者，而信息的提供方就是上述各类人员。

> 软件需求工作的最终目的是为各类人员交付价值，最重要的一类人员是项目客户（项目出资方或项目属主）。因此，在软件需求工程中，我们要坚持以客户为本，建立全面、协调、可持续的客户关系，促进客户事业和软件项目良好发展。

2.6 习 题

1. 简述软件需求的定义。
2. 软件需求有哪些常见的类别？功能需求和非功能需求有什么差异？
3. 简述业务需求、用户需求和功能需求的区别与联系。
4. 简述需求开发的各个活动，说明它们各自的工作基础、工作目标和工作成果。

第2章 习题答案

5. 除了需求开发的 4 个活动和需求管理活动，软件需求工程中是否还有需要执行的活动？如果有，是哪些活动？

第3章 软件需求的工作质量

内容提要

在软件工程发展的初期，人们对软件需求工作缺乏足够的重视，往往导致完工后的软件产品并不尽如人意。本章首先讨论软件需求工作对软件工程的长远影响，然后介绍软件需求工作质量的提升要素，最后阐述软件需求分析师及客户在开发软件需求时的权利与责任、软件需求分析师应具有的能力及相关认证。

学习目标

■ 能讲述：软件需求工作对软件工程的影响
■ 能比较：软件需求工作质量的提升要素
■ 能使用：软件需求工作中的权利与责任
■ 能列出：软件需求分析师应具备的能力
■ 能考察：IIBA 认证
■ 能描述：同理心

3.1　软件需求工作对软件工程的影响

做好软件需求工作是软件工程成功的必要条件之一。高质量的软件需求可以降低交付的软件产品的缺陷率、减少开发时间及返工次数，从而使开发和交付更快。高质量的软件需求还能减少不必要和无用的软件特性，减少追加成本和信息错误传达，控制范围蔓延，减少项目混乱现象的出现。

对于整个软件工程，软件需求是软件设计、实施、维护等后续工作的起点。需求阶段的错误未能解决，后续工作都将受到影响。相关研究表明，需求阶段的错误若是在软件工程的后续步骤中进行修复，所需工作量将随软件产品的工程进度快速增加。如图 3-1 所示，在需求阶段产生的 1 个错误，在该阶段进行修复只需要 1 个工作量；若这个错误在需求阶段没有被发现，而在设计阶段被发现，则需要花费 5 个工作量修复；若在维护阶段才发现这个需求错误，则需花费 200 个工作量进行修复。

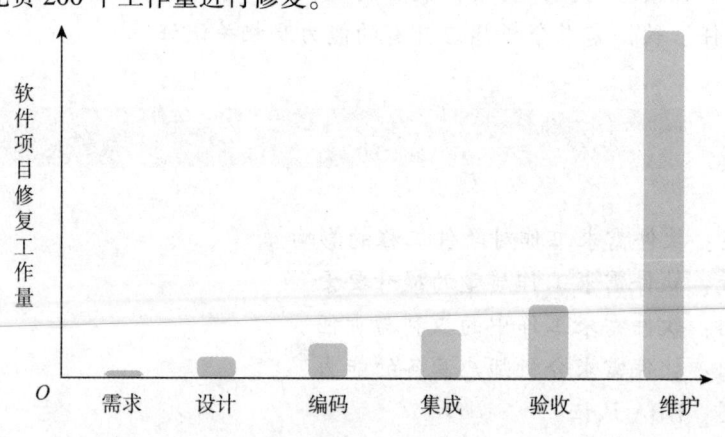

图 3-1　修复需求错误在软件工程不同阶段的工作量

因为高质量的软件需求不含（或很少）错误，所以后续的软件工程工作很少返工，从而整个项目的时间、成本将得到很好的控制。

3.2　软件需求工作质量的提升要素

目前，提升软件需求工作质量已经是业界的共识。软件需求工作质量的提升依赖于以下六个要素。

3.2.1　持续沟通

除第 2 章的正式定义之外，软件需求的另一种定义是：客户的需求是客户的期望与客户

的现实之间的落差。软件需求应该清晰定义弥合落差的软件产品，从而指导软件产品的开发，实现客户期望。

如图 3-2 所示，通过少量沟通就能定义出软件需求的想法只会使开发的软件产品离用户期望越来越远。只有通过持续与客户沟通，方能完善软件需求，从而使开发的产品与客户期望保持一致。

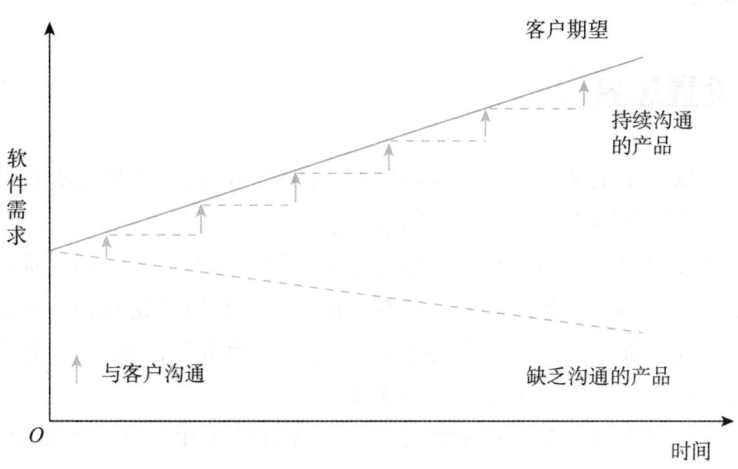

图 3-2　持续沟通满足客户期望

3.2.2　合理规划

如果不能彻底地理解需求，那么对项目的计划或估算就会出现偏差，后期出现时间、费用超支的概率会增大很多。软件成本估算不当的原因，涉及需求的主要有：频繁的需求变更、需求遗漏、缺乏与用户沟通、低质量的需求规格说明及不完善的需求分析。

合理规划对软件需求的工作质量亦有重要的影响。一方面，我们需要了解需求工作团队的需求开发效率，合理部署人力及时间对组织主流业务进行需求获取。另一方面，在需求分析阶段，我们需要将用户需求合理地（如按优先级）安排在项目的不同版本，使整个软件项目有条不紊地向前推进。

合理规划原则不仅对需求工作适用，对任何目标型任务都适用，通用性的个人目标规划如下所示。

个人目标规划

（1）设定目标。给自己定一个符合自身能力水平的、符合当前条件的小目标。目标一定要是可能完成的，过高的目标或过低的目标都会消耗自己的精力或斗志。

（2）目标分析。有了目标之后，不要直接去执行，磨刀不误砍柴工，在执行计划之前一定要先想好为什么要做这个事情，做这个事情需要达到什么样的成果，需要具备哪些条件，可能遇到哪些问题等。

（3）主次分明。导致工作混乱的原因主要是分不清主次，应先做重要的、紧急的事情，后做其他事情，逐步展开。

（4）温故知新。任何人的记忆力都是有限的，长时间不接触就会忘记。因此，及时回顾自己做过的工作，不但能够加强记忆理解，还能够温故知新，得到新的突破。

（5）不断迭代。个人目标规划的制定需要考虑多方面的因素，其中很重要的一点就是制定的目标要符合自身现阶段的能力水平，正确地认识自己掌握的技能。目标不需要设定很多，但一定是能够完成的。

3.2.3　设置边界

软件需求工作致力于定义软件产品以解决客户的业务问题，软件需求规格说明应该明确定义产品边界，并为整个需求工作设置时间缓冲。

在实际的需求过程中，特别是在采集用户需求阶段，面对大量不同类别的用户提出的各种需求，软件需求分析师一定要把握住：所有的用户需求都应该是支持业务需求的，用户需求应该为解决业务问题服务。因此，与业务需求（对应着业务问题）无关的用户需求应该被排除，或者推迟到软件后期的扩展版本中实现。

设置边界的另一层意思是要为整个需求工作设置时间缓冲，以处理需求工作中的变数：需求变更。在这里提倡的一个原则是时间提前量，即尽可能地提前完成工作，以备为后续处理变化留下足够的时间。

3.2.4　多方确认

软件需求分析师整理完一部分需求后，需要得到相关人员对需求的确认。其中一种方式是逐个发邮件进行确认，或者打印出来逐人询问。这种一对多的确认方式，虽然大家都确认了你的需求，但是你的需求最终还是存在问题。例如，下面给出了一个"商品出库"的实例。我们能够看到，即便是面对面的一对多确认，也难免出现问题。出现这种情况的根本原因是，不同的人对相同的事物（如同一个需求表述）有不同的理解。

避免出现这种情况最好的方式是开会确认，这样可以达到多对多的确认，一个直接的好处是澄清了模糊的需求。

商品出库

小李整理出业务流程后，发邮件请快递运输部与商品仓储部相关负责人确认。其中一条如下：每日零点，快递运输部向商品仓储部提交商品订单后，商品仓储部按订单所需商品出库到快递运输部。两个部分的负责人都回复邮件对业务流程确认无误。

在软件系统正式上线运行后，两个部门却因出库流程发生了严重的分歧。原来，商品仓储部拿到所有订单，按照每种商品的汇总数量取出商品后直接送到了快递运输部。快递运输部还需要根据订单从运送过来的一大堆商品中拣货打包，非常影响快递效率。然而，要求商品仓储部按订单打包商品，也会影响出库效率。

3.2.5　前后追踪

用户需求最终将通过软件的功能点（即功能需求描述）来满足，通常一个用户需求需要多个功能点来满足（少量情形下，一个功能点能满足多个用户需求）。软件需求分析师需要前后跟踪所有的用户需求与功能需求：一个用户需求至少需要一个功能需求来支持，一个功能需求至少支持一个用户需求。

如果存在用户需求没有功能点来支持的情况，很显然最终的软件产品将无法满足这个用户需求，这通常是需求分析工作不彻底所致。同时，软件系统中也存在着一个功能点没有支持任何用户需求，这通常是程序员对软件系统"镀金"所致。"镀金"一般无害于软件系统，但是消耗了软件开发组织的相关资源。

3.2.6　合作开发

软件需求分析师要清晰地认识到，需求开发是与客户合作的工作过程。在这个过程的初始阶段，必须使客户知道、理解并认同这一观点。软件需求分析师与客户合作开发软件需求的过程中，双方都有各自的权利和责任，具体参见 3.3 节。

3.3　软件需求工作中的权利与责任

软件需求分析师与客户合作开发软件需求的过程中，双方都拥有一些权利，同时也承担着责任。一方拥有的权利往往是对方应承担的责任，反之如此。

3.3.1　客户的权责

客户的权利也是软件需求分析师的责任。

首先，客户有权在合作交流过程中用自己的语言进行工作。这意味着客户期望开发者在和自己交流时使用业务术语，在业务的大背景下交流业务问题。客户期望开发者清楚地了解自己的业务问题和业务目标，并且在需要确认时收到的是简单易懂的需求文档。

随着需求工作的不断深入，客户对软件需求的认识越来越清晰。这时，客户有可能会澄清、修订，甚至否定先前提出的用户需求。客户期望与软件需求分析师能够平等地进行交流，特别是进行需求变更时，期望得到足够的尊重。最终，客户希望获得业务问题的解决方案，如果有多套方案，则还希望了解这些方案的异同。

除了对基本用户需求的支持，客户还期望产品具有一些易用性。客户希望能复用一些以前的软件资产，一方面节约成本，另一方面加速产品开发。最后，客户期望最终的软件产品质量优良，能够满足所有用户需求，能够切实解决业务问题。

3.3.2　软件需求分析师的权责

对应地，软件需求分析师的权利也是客户的责任。

对于不熟悉业务的软件需求分析师，他们希望客户能够传授足够的业务知识，需要足够多的时间来澄清需求，并及时获得客户对需求的确认或修正意见，最终获得准确而具体的需求。

当软件需求分析师向客户介绍业务问题的解决方案时，希望客户尊重开发人员对方案可行性及成本的估算。软件需求分析师需要不断地向客户提出需求评审的请求（点滴式评审），希望客户能及时反馈意见。下面是一个令人"瞠目结舌"的实例。

> **瞠目结舌**
>
> 初创公司立方软件团队只有10人，老板与所有员工都在同一空间办公。初来公司的软件测试人员小易发现了一个软件漏洞，向资深软件开发人员小光提交了漏洞。小光记下后，并没做进一步处理。几天后，小易发现漏洞仍未得到修补，并且影响面越来越大，开始有些坐立不安。小光发现小易的状态后，避开老板，请小易到外面说话。
>
> 小光："这个漏洞我早就知道！"
>
> 小易："哦，还没顾上修补，是吧？"
>
> 小光："没打算修补！"
>
> 小易："啊……"
>
> 小光："老板的需求每天一变，变来变去，涉及漏洞的代码不知道他什么时候就要废掉了。因此，这个漏洞能瞒多久就瞒多久！"

从上面的实例可以看出，需求变更是软件开发人员特别抵触的事件之一。那么，软件需求分析师应如何面对需求变更呢？首先，软件需求分析师必须认识到，需求变更是客户的权利，要心平气和地交流接纳（不是接受）。其次，软件需求分析师应该执行严格的需求变更流程，最小化需求变更对软件项目的影响。最后，从软件开发者的角度看，最好采用迭代式的软件开发模式，一次实现一个需求来最小化需求变更的影响。

3.3.3　维持良好关系

在需求开发的过程中，与客户的密集接触与交流是工作常态。在这个过程中，维持良好的人际关系至关重要，这就需要软件需求分析师洞悉人性，推己及人。

（1）不要把友善沟通的希望寄托在"信任关系"的营造上。信任应该是友善沟通的一种结果，而不是前提，满足相互需求的共赢关系比纯粹的感情信任要靠谱很多。人天生有一种警惕心、不安全感。试想一下：你走在大街上，遇到陌生人搭讪；你坐在家里，有人敲门推销；你坐在办公室里，突然接到保险经纪人电话。在这些场景中，你会信任对方吗？推己及人，当在沟通中如果你向对方施加影响，对方会下意识地认为，你是想从他们身上获利，从而会对你产生排斥感。其实，对方是否敞开心扉，不完全取决于你的开诚布公和沟通能力，而是跟对方的之前经历（如是否上过当、是否见过他人上当）有关。越是经常被套路的职场人，就越难与之建立信任关系。

（2）洞悉自己的价值。下面是一个产品报价谈判场景，在所列的五项答案中，你会选哪一个？答案 A 正是对方希望的结果；答案 B 还是会把话题引回答案 A；答案 C 将导致双方关系直接破裂；答案 D 会导致你成为这次谈判中弱势的一方；答案 E 则是一个比较好的方案。若这个采购员还愿意和你继续交流，则说明你的报价仍有一定的吸引力。你需要做的是了解对方最看重报价标书中的哪个部分（这又回到了对需求的探索）。投标价格相关条件非常多变，而你的条件比其他人的条件可能更有吸引力。对于软件需求分析师来说，自身最大的价值在于可以助力客户业务问题的解决。

报价谈判

你是销售方，正在接待合作方的采购员。采购员看了你们公司的报价标书后说："现在市场竞争很激烈，你们的价格不占优势，最好把价格降低一点。"这时候你会怎么办？

　A. 为了取得订单，答应压低价格

　B. 问问对方，我的开价比别人高多少

　C. 直接让他离开，跟别人做生意去

　D. 让他给你看看别人的报价

　E. 问他喜不喜欢你的报价

（3）要能敏感地感知对话氛围并及时创造安全环境。特别是在双方观点有很大差距、对话存在很高的风险、双方情绪十分激动时，软件需求分析师应该敏感地意识到这些问题并积极寻求改善方法。在沟通中不但要关注对话内容，还要关注对话氛围。感知到对话环境偏离了安全的氛围，是维持安全环境的第一步；越早发现氛围不对，就越容易挽回。对话陷入危机有很多征兆，例如，对方突然不说话了（沉默），或者进行言语攻击、做出让人生气的举动（暴力）。要敏锐地捕获对方的微表情，因为绝大多数人在感到难堪的时候，会有不同的微表情。很多微表情和微反应是很难伪装的，它们是人类继承下来的本能反应。即使再能伪装的人，遇到有效刺激后的第一瞬间也会出现微表情和微反应。

软件需求分析师如果感知到对话氛围不对，可以通过三种方法回到安全环境中。一是稍作停顿。让双方都冷静一下，等待双方逐渐恢复理性。二是主动道歉。不是就事情道歉，而是就沟通的氛围进行道歉，例如，可以说"抱歉，可能刚刚这种讨论方式让你觉得没有安全感，你看我们是不是可以换个角度来讨论这个问题？"下面展示了某酒店经理抚平情绪的三部曲。他没有先想去查清事情真相，也没有着急分辨谁是谁非，而是先道歉。一般只要这样做了，客人就会平息怒火，问题也能迅速解决。三是重申沟通目标。对话氛围的恶化意味着沟通目标的偏移，这时候需要把讨论内容拉回正题。

抚平情绪三部曲

某酒店经理特别擅长对付暴怒的顾客，他的秘诀就是一口气对顾客说三句话："为给你造成不便向你道歉""我将认真听取你的意见""能告诉我发生了什么事吗？"

（4）善用"我们"化解对立，把冲突转移到问题本身。从沟通三角（如图 3-3 所示）可以看到，为了达成目标，我（也就是软件需求分析师）往往是和目标（也就是需要解决的问题）在一起的，但这样就造成了沟通双方的对立。很多时候大家会选择面子上一团和气，但意见对立无法得到根本解决。极端情况下，战胜对方、惩罚对方不但解决不了问题，

还会让自己的形象崩塌。快速缓和人际关系的思路，就是移动问题和人的相对位置。具体来说，就是你和对方是肩并肩的伙伴，是朋友，需要一起想办法，若找不到解决方案则是双方的损失，而不仅仅是哪一方的问题。

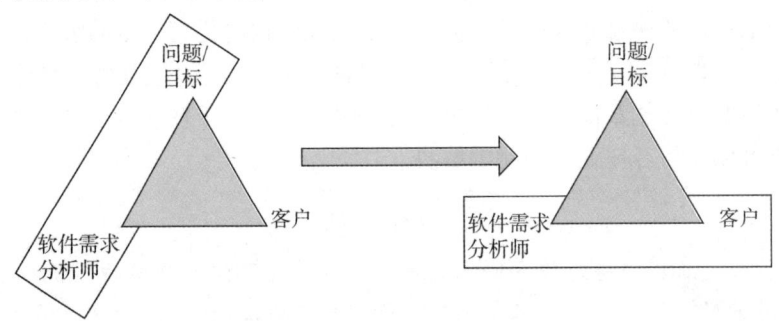

图 3-3　沟通三角

（5）沟通中时刻保持专业的态度。著名心理学家阿德勒（Alfred Adler）认为，一切烦恼都是人际关系的烦恼，而烦恼的重要来源，是很多人没有把自己和他人的关系分清楚，要么想干预别人，要么任由别人干预自己。因此，他提出了一个"课题分离"理论，落实于感情方面，就是不考虑得失——你爱不爱他是你的功课，他爱不爱你是他的功课，你无权干涉他，他也无权干涉你。这一理论在职场沟通中也适用。对方脾气火爆，其情绪一旦失控，就很难保持冷静，从而很难解决分歧。但是，你需要记住的是，谈判中对方的所作所为和我们无关，我们唯一能够控制和管理的是我们自己。如果有人在沟通中态度恶劣，你不必以牙还牙，报以同样的态度，也不必持与之截然相反的态度，因为对方会觉得你在嘲笑他。无论对方是心怀敌意还是满心喜爱，在感知和照顾对方情绪起伏的同时，以专业的态度对待对方，踏踏实实工作，是你能做的最好回应。

3.4　软件需求分析师应具备的能力

软件需求分析师的工作包含很多"软技能"，偏重于人而非技术。他们需要熟知各类需求获取技巧，提交信息的方式要多种多样，不止局限于自然语言文本形式。高效率的软件需求分析师是多面手，不仅具备超强的沟通、引导和人际交流技能，而且具备这个工作所需要的渊博的技术和业务领域知识，即有人格魅力。耐心并且真诚地希望与他人合作是成功的关键要素。

1. 倾听技巧

要想成为双向沟通专家，就要掌握倾听技巧，如图 3-4 所示。主动倾听要求做到：注意力集中、神情专注、注意眼神的交流以及重复关键问题以确保自己完全理解对方的意思。软件需求分析师需要抓住对方说话的要点，理解对方的言外之意，探知他们没有明说的隐忧；了解他们喜欢的沟通方式，避免在理解对

图 3-4　倾听技巧

方心声时带有个人情绪；此外还要注意一些未说明的假设，它们是理解他人谈话或自身想法的基础。

2. 访谈和提问技巧

大多数需求输入都来源于讨论，因此，软件需求分析师要有能力与不同个体和人群讨论他们的需求，掌握访谈和提问技巧，如图3-5所示。如果共事的对象是高管或非常固执、激进的个人，你提出的问题必须恰当，这样才能引出基本的需求信息。例如，用户会自然而然地关注系统常规和预期的行为。但是，很多代码之所以要写出来就是为了处理特殊情况。因此，程序员还必须进一步探查，识别出错误情况并确定系统应当如何反应。一个经验丰富的软件需求分析师要能熟练应用提问艺术，揭示并澄清不确定、有分歧、想当然和隐晦的种种期望。

图3-5   访谈和提问技巧

3. 才思敏捷

软件需求分析师要不断提醒自己注意现有信息，并将新信息与之对比后进行加工处理，做到才思敏捷，如图3-6所示。他们要发现哪些地方是矛盾的、不确定的、模糊的和想当然的，以便在合适的机会对它们进行讨论。软件需求分析师可以发挥自己的聪明才智，预先准备一套完美的访谈问题，但需要随时准备提出之前无法预见的问题；还需要设计出好问题，认真仔细聆听反馈意见，迅速想出下一个需要表述的问题。有时，人们不是在提问题，而是结合上下文给出一个适当的例子，帮助干系人继续清楚地表达他们的意图。

图3-6   才思敏捷

4. 分析技巧

　　高效率的软件需求分析师要有高、低两级抽象思维能力，并且能自由切换分析技巧，如图 3-7 所示。有时，必须将概要信息进行细化。在某些情形中，软件需求分析师则需要从一个用户描述的具体需求中总结出一套可以满足多个干系人的需求。软件需求分析师需要理解来自不同源头的复杂信息，并能解决与之相关的难题。他们需要严格评估信息，以求协调矛盾，从基本的真实需求中独立出用户"想要的"，并区分提议方案与需求之间的差异。

图 3-7　分析技巧

5. 系统思维

　　软件需求分析师不仅必须做到事无巨细，还必须要有大局观，拥有系统思维，如图 3-8 所示。他们要参照自身所了解的企业整体、业务环境和应用来核查需求，找出矛盾之处及其影响。他们需要理解人、过程、技术与系统之间的关系。如果客户针对其功能领域提出一个需求，就需要软件需求分析师判断这个需求是否会影响系统的其他部分。

图 3-8　系统思维

6. 学习技巧

　　软件需求分析师必须掌握一定的学习技巧（如图 3-9 所示），能够快速吸收新的需求方法或应用领域内的新知识。他们要能将知识高效转化为实践方案。他们应当是一个高效率且具有批判性思维的读者，因为他们需要处理大量材料并迅速掌握精髓。他们不必是具体领域内的专家，但他们必须敢于提出问题，对于不清楚的地方，敢于要求对方进一步澄清。

图3-9　学习技巧

7. 引导技巧

软件需求分析师必须具备一定的引导技巧（如图3-10所示），能够引导需求讨论和获取研讨会的进行。引导是带领团队迈向成功的关键步骤。在大家共同定义需求、对需求进行优先级排序和解决矛盾时，引导至关重要。客观的引导师具有高超的提问、观察和引导技巧，不仅能够帮助团队建立互信，还能改善团队成员之间偶尔的紧张关系。

图3-10　引导技巧

8. 领导力

软件需求分析师需要有领导力（如图3-11所示），能够影响干系人群体，使其步调一致，为实现共同目标而奋斗。领导力要求软件需求分析师拥有各类技巧，以协调项目干系人之间的关系、解决冲突并做出决策。各类干系人群体可能并不了解其他人的动机、需求和约束，因此软件需求分析师要创造出一个和谐的环境，促进不同人群之间建立互信。

图 3-11　领导力

9. 观察技巧

善于观察的软件需求分析师能够注意到其他人在不经意间提出的重要意见。通过观察客户的工作过程或使用当前的应用程序，敏锐的观察者可以捕捉到客户自己都没有察觉到的细枝末节。在进行需求获取讨论时，超强的观察技巧（如图 3-12 所示）有时能发掘出新的领域，从而发现额外的需求。

图 3-12　观察技巧

10. 沟通技巧

需求开发最主要的交付物是一系列的书面需求，这些需求可以在客户、市场、经理和技术人员之间高效传递信息。软件需求分析师需要有扎实的语言功底，能用书面或口头形式清晰地表达复杂的概念，掌握沟通技巧，如图 3-13 所示。他们必须能够针对不同对象写出不同的需求，如客户需要验证需求，而开发人员需要有清晰、准确的需求才能做实现类工作。他们需要口齿伶俐，适应当地术语和区域性的方言差异。同时，他们还必须有能力以目标受众需要的详细程度来总结和提出信息。

图 3-13　沟通技巧

11. 组织技巧

在获取和分析需求时，软件需求分析师要处理大量毫无头绪的信息。他们要应对不断变化的信息，并将这些信息碎片构建成一个整体，这就要求他们具备非凡的组织技巧（如图 3-14 所示）、耐心和不屈不挠的精神，从混沌和混乱中厘清头绪。软件需求分析师要有能力搭建一个信息架构，在项目进展过程中丰富它，使其能为项目提供信息支持。

图 3-14　组织技巧

12. 建模技巧

建模涉及多方面的内容，如结构化分析模型（数据流图、实体关系图和类似图表）所表达的流程图、UML 的符号。建模技巧是每个软件需求分析师不可或缺的技巧，如图 3-15 所示。有些模型适用于和用户的沟通，有些适用于和开发人员的沟通，还有一些适用于纯分析，帮助软件需求分析师改进需求。软件需求分析师需要根据模型所发挥的作用来判断具体模型的适用场景。同样，他们还要让其他干系人明白使用这些模型的价值所在以及如何读懂模型。

图 3-15　建模技巧

13. 人际技巧

　　软件需求分析师必须有能力让彼此有竞争关系的利益相关人以团队身份协同工作，掌握人际技巧，如图 3-16 所示。软件需求分析师在与各种职能部门的个体和不同级别的组织交流时，要能收放自如。软件需求分析师要使用对方能听懂的语言，例如，和业务干系人说话时就不要用技术术语。有时，软件需求分析师可能还需要与虚拟团队协作，这些团队成员的地理位置、时区、文化或母语可能都不一样。软件需求分析师在与团队成员沟通时，态度要随和，表达要清晰一致。

图 3-16　人际技巧

14. 创造性

软件需求分析师不能像记录员那样机械地记录客户的谈话内容，要有创造性，如图3-17所示。优秀的软件需求分析师能够挖掘出潜在的需求引发客户的思考。他们对产品有自己的奇思妙想，能够发掘新市场和业务机遇，并能找到让客户心悦诚服的办法。他们能以创造性的方式满足客户需求，而这些需求甚至连客户自己都没意识到。正所谓当局者迷，软件需求分析师比客户更能提出新的想法。但是，软件需求分析师必须要尽力避免给解决方案"镀金"，未经客户允许，不能随便在需求规格说明中添加新需求。

图 3-17   创造性

3.5   IIBA 认证

在企业中，最切合软件需求分析师的职位是业务分析师（Bussiness Analyst，BA）。国际业务分析协会（International Institute of Business Analysis，IIBA）是独立的非营利性专业协会，为不断发展的业务分析领域提供服务。IIBA 成立于 2003 年，其总部设在加拿大多伦多，受加拿大非营利性公司法和相关章程管辖，是一个致力于向全球范围内的业务分析师提供支持的专业机构。作为全球思想领袖和业务分析社区的代言人，IIBA 积极支持对该行业的认可，并致力于维持该行业的持续发展和业务分析师认证的标准。

IIBA 向全球的业务分析专业人士提供以下几种等级的职业认证：ECBA、CCBA、CBAP、CCA、AAC 以及 CBDA。其中前三种为核心证书，后三种为专业业务方面的认证资格证书。

ECBA（Entry Certificate in Business Analysis）为商业分析入门证书，其认可作为业务分析专业人士，准备提升在该领域知识和行为的发展。

CCBA（Certification of Capability in Business Analysis）为业务分析能力认证，其认可具有 2~3 年实际业务分析工作经验的业务分析师。

CBAP（Certified Business Analysis Professional）为注册商业分析师认证，其认可经验丰富的业务分析师，他们拥有超过 5 年的实际业务分析工作经验。

CCA（Certificate in Cybersecurity Analysis）为网络安全分析师认证。

AAC（Agile Analysis Certification）为敏捷分析师认证。

CBDA（Certificate in Business Data Analyst）为业务数据分析师认证。

下面介绍 ECBA、CCBA 和 CBAP 认证考试相关内容。

1. ECBA 认证考试

ECBA 认证是根据 IIBA 指定的要求，具备作为一个业务分析新人所需的知识和能力。适合考 ECBA 认证的人员包括就读业务分析师学术课程的学生、应届毕业生、转换职业的专业人员、本身不是业务分析师但是管理业务分析师的职能经理。每一位 ECBA 认证申请者，均必须满足以下条件，方可申请参加 ECBA 认证考试。

（1）至少完成业务分析师专业培训 21 h，该培训需在近 4 年内完成。

（2）签订行为规范条款。

2. CCBA 认证考试

CCBA 认证是根据 IIBA 指定的要求，具备合格的业务分析从业人员所需的经验、知识和能力。适合考 CCBA 认证的人员包括业务分析人员、系统分析员、需求分析或管理人员、流程管理人员、咨询人员。

3. CBAP 认证考试

目前国内考得比较多且有系统考试培训的是 CBAP，很多计算机领域的从业者考虑到未来的职业发展会参加这个考试。CBAP 认证目前是国际业务分析师最权威与含金量最高的认证。该认证考试为全英文考试，难度较大，通过率很低，需要报考者具有丰富的管理、经营理念，以及一定的大型企业管理经历。通过该认证的人员可成为企业管理行业的佼佼者。CBAP 认证所需的知识体系如图 3-18 所示。

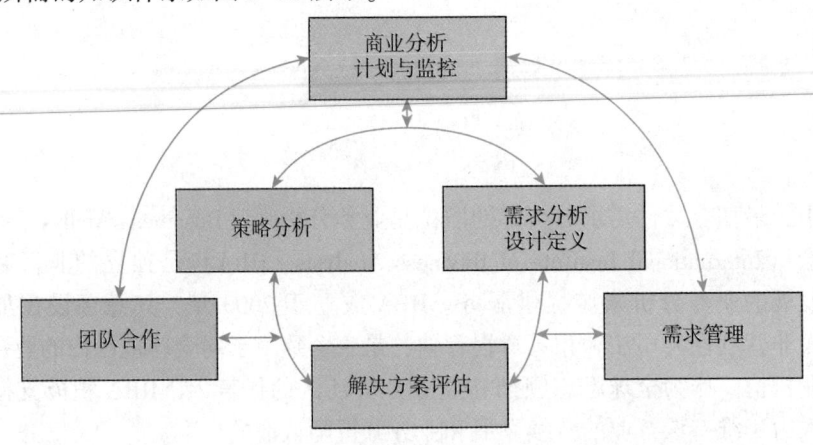

图 3-18　CBAP 认证所需的知识体系

计划获得 IIBA 所颁发的 CBAP 证书（如图 3-19 所示），需通过资格审查、上课时数要求与考试。其中资格审查有下列要求：

（1）7 500 h 的业务分析工作经验（最近十年内的工作）；

（2）六大知识领域中至少有四个领域 900 h 的工作经验；

（3）IIBA 授权机构内 35 h 专业培训课程（最近 4 年内）；

（4）两封推荐信（从职业经理、客户或 CBAP 持证人中选择两个作为证明人）；

（5）签署行为规范；

（6）CBAP 认证考试目前的报名费为 500 美金，采用机考，全英文，时间为 3.5 h。

图 3-19　CBAP 证书

根据一些统计数据（如图 3-20 所示），持有一个或多个 IIBA 证书的业务分析师的收入较同行收入的平均水平高出 14%。其中，拥有最高阶段 CBAP 证书的业务分析师的收入较同行收入的平均水平高出 19%。

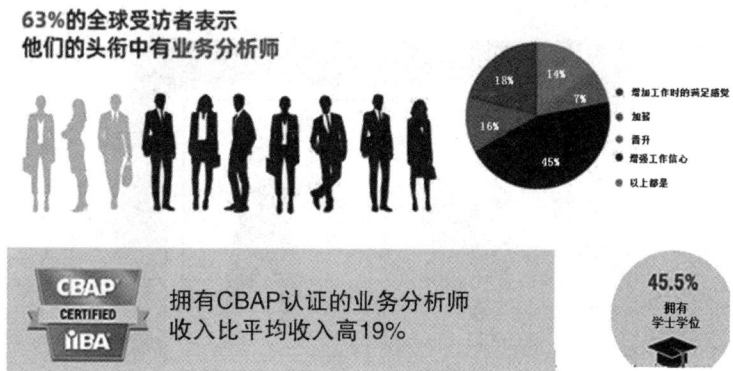

图 3-20　统计数据

3.6　同理心

人与人相处的过程中难免存在摩擦，我们在生活中经常看到，许多人因为一些小问题引发矛盾，进而发展为争吵和指责，甚至拳脚相向。为什么这些人不能冷静下来解决问题呢？

心理学家认为，其中一个很重要的原因就是双方有移情差距（Empathy Gap）。移情差距是一个心理学概念：指认知上的偏差，大意是当沟通的双方处于不同状态时，会很难理解对方的想法或感受，而且会低估自身的情绪状态对决策造成的影响。而要破解移情差距带来的困扰，就需要唤醒人们的同理心。

2022 年，可口可乐的系列广告海报及短片《Open》，就将主题对准了如何打破移情差距造成的隔阂，进而唤醒人们的同理心，让人与人的交往更和谐美好。

这支广告由 Wieden Kennedy 为可口可乐策划，邀请了日本插画家二村大辅和瑞典插画家 Alva Skog（阿瓦尔·斯科格）参与创作，从插画海报、广告短片到产品包装，广告以不同形式告诉人们理解他人的重要性，也为可口可乐品牌注入了更多理解和宽容的内涵。

从可口可乐的海报和广告中，我们也能找到许多唤醒人们同理心的经验。如何与他人相处，是每个人一生的必修功课。婴儿时代，每个人的世界都是以自己为中心，面对无法满足的愿望、黑暗、恐惧，婴儿总是哭着寻求帮助。随着年龄的增长，每个人都要面临这样的社交难题——在自我与他人之间取得平衡。

正因为社交是每一个人的难题，可口可乐将本次传播的镜头对准了人与人相处的瞬间。在海报中，二村大辅采用可口可乐经典的红、白和黑 3 种配色，透过两个孩子故事前后对比的画面，传递彼此之间建立沟通的可能性。

可口可乐海报（如图 3-21 所示）中，上半部分是女孩和男孩分别穿着印有"Yes!"与"No!"字样的衣服，下半部分则是他们合穿着印有"Maybe?"字样的衣服。两个人为什么从彼此相持不下到最后紧密地连接在一起，海报下半部分顶部的一句话阐释了可口可乐海报的寓意，翻译成中文就是：有时候，答案就是问题。正是因为两个人过于坚持自己的看法，没有站在对方的立场想问题，彼此才会疏远。而当两个人站在对方的角度时，才会发现原来的想法不一定正确。

图 3-21　可口可乐海报

　　在广告短片中，可口可乐构建了一个充满争吵的城市，让日常生活中的争吵场景在这里集中展现：夫妻为了家庭琐事争吵；朋友之间也有争吵；货车司机和警察因为车祸争吵；楼上的住户和楼下的年轻人争吵；甚至电视中，两位候选人也都争吵不休。

　　当然，除了争吵，还有男主人面对推销员上门不愉快地甩门，甚至有两个超级英雄为了行使各自的"正义"扭打在一起。可口可乐努力打造这些有关"移情差距"的日常熟悉场景，就是希望让观众能够在其中发现自己生活的影子，从而产生强烈的代入感，从故事中领悟同理心的重要性。

　　可口可乐本身就是一个善于构筑场景讲故事的品牌。2016 年，为了宣传可乐瓶再利用的环保理念，可口可乐在越南推出多功能瓶盖套组，并在广告中展现了多个瓶盖跨界利用场景，如图 3-22 所示。

图 3-22　可口可乐多功能瓶盖套组广告（越南）

　　移情差距、同理心到底是什么？如果仅进行概念性阐释，那么普通人不仅难以理解，也无法被真正打动。人的大脑天生对可以生产场景、具象化的内容容易留下深刻印象，而对抽象的内容无感。因此，可口可乐通过具体的场景故事展现移情差距带来的问题。

　　例如，可口可乐"尝试聆听"系列广告（如图 3-23 所示）直观地展现了：我们常常因为说得太多而听得太少从而使世界喧闹不休。

图 3-23　可口可乐 "尝试聆听" 系列广告

　　在广告短片《Open》中，城市里的争吵不断升级，带来了严重后果。可口可乐在短片中对比也给出了具象化的展示：随着争吵不断升级，城市开始逐渐崩塌瓦解；男主人一个拒绝的甩门动作，足以毁掉一整面门墙；两个扭打在一起的超级英雄坠落地面，直接砸扁了一辆车。通过这些具象化的直接展示，该短片提醒人们：当你不愿站在对方的立场考虑问题，不试着去理解对方的想法，不仅会造成一场争吵，甚至还会给我们的世界带来更多灾难，小到一面门墙的崩塌，大到一个城市的毁灭。

　　为了表现人们如何从固执己见到彼此愿意理解，可口可乐在广告中讲述了两个仙人掌的故事，如图 3-24 所示。故事中，有两个激烈争吵的仙人掌，在其中一方主动卸下身上的刺之后，另一方也回报以善意。这种形象生动的表现不仅让人久久难忘，而且让人们领悟到，仙人掌的刺就像每个人心中的无数坚固的偏见，只有主动放下偏见，才能建立心与心的连接。

图 3-24　可口可乐仙人掌广告

　　与用户共鸣一直是品牌营销追求的方向，如何与用户产生共鸣？可口可乐系列广告让我们看到，少讲高大空洞的概念，多展现具象化、形象化的故事，引导用户在故事中领悟品牌传达的真谛。

3.7　小　结

　　本章我们讨论了软件需求的工作质量，以及提升工作质量的要素。软件需求分析是一项需要和团队外人员（以客户为主）密切协作的工作，在工作中需要具备一些基本的沟通技

巧与专业精神。我们可以看到，软件需求分析师和客户的权利和责任互为交织，这就需要软件需求分析师在工作的过程中经常换位思考，推己及人。

> 推己及人是一种道德心理，指道德行为主体以自己的感受和需要推知他人具有相同的感受和需要，并将推知所得的观念作为行为准则贯彻到与他人相关的行动中去。孔子所说的"己欲立而立人，己欲达而达人"和"己所不欲，勿施于人"的忠恕之道，正是推己及人的具体表现。在道德修养过程中，自觉运用推己及人的方法，能促使人们设身处地地为他人着想，从而使自己的行为有利于他人。
>
> 每个人在这个世界上都有各自的欲望和需求，也都有相应的权利与责任，这就难免会出现矛盾，不可能人人遂愿。这就要求人们正视客观现实，学会礼尚往来，从自我的小圈子中跳出来，多设身处地地替他人着想。学会尊重、关心、帮助他人，这样才可获得别人的尊重，从中也可体验人生的价值与幸福。

3.8　习　题

1. 软件需求工作对软件工程有什么影响？
2. 软件需求工作质量的提升要素有哪些？
3. 软件需求分析师需要具备哪些知识和技能？
4. 你认为维持良好关系的核心是什么？
5. 请在网上检索 IIBA 的知识体系。

第3章　习题答案

第4章　软件需求的合作者

内容提要

　　在软件需求开发过程中，软件需求分析师是客户、用户、开发人员及其他相关者之间的枢纽。软件需求来源于客户与用户，开发人员按照软件需求规格说明定制软件及测试用例，用户需求文档供各类人员交流使用。本章将阐述软件需求工作中所有的合作者。

学习目标

- 能概括：软件需求相关者
- 能执行：涉众分析、涉众画像
- 能评判：需求的冲突
- 能联系：包容、合作、共赢之间的关系

4.1   软件需求相关者

4.1.1   客户与用户

在需求开发中，经常容易混淆的术语是客户与用户。直观地解释，用户是直接或间接使用产品的个人或组织；客户是能够直接或间接从产品获益的个人或组织。请注意，这并不是两个独立的概念，很多时候用户也能从产品中获益，所以用户也属于一类客户。更大的一个概念是干系人，他们是能够直接或间接影响产品的个人或组织。用户、客户、干系人三者的关系如图4-1所示。

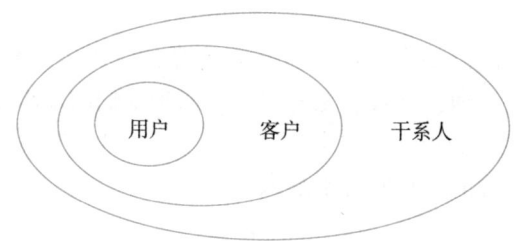

图4-1   用户、客户、干系人三者的关系

除直接使用产品的用户外，项目的出资人是最重要的一类客户，他们往往很清楚业务中遇到的问题，以及需要启动这个项目的理由。

4.1.2   开发人员

开发人员包括软件开发人员与测试人员。在软件需求工作基本完成后（以软件需求规格说明完稿为节点），软件开发人员将以此进行软件设计、代码实现。同时，测试人员将以此进行测试用例开发。基于软件需求规格说明，这两类人员通常并行开发软件产品与测试用例，分别完成后，再用测试用例验证软件产品是否达到了软件需求规格说明的要求。

因此，软件需求分析师撰写的软件需求规格说明，对开发人员而言要满足技术可实施、功能可测试的条件。

4.1.3   软件需求分析师

软件需求分析师是整个软件需求工作的执行者，相关内容介绍详见第3章。

4.1.4   其他相关者

涉及业务场景的软件产品与业务的决策者、管理者、操作者都密切相关。决策者决定了组织的方向与主营的业务；管理者管控着各项业务流程；操作者负责具体业务事务。对应地，决策者更加关注软件产品的数据分析功能；管理者注重软件产品对业务管控点的布局与设置；操作者则要求软件产品能够使其执行具体业务操作时更便利快捷。软件需求分析师要仔细地分析业务流程中这三类用户的关注点，避免用户需求遗漏。

在软件产品具体实施阶段，除涉及上述开发人员外，还可能涉及数据库管理员、计算资源管理员、网络安全员等技术专员。软件需求分析师在转化用户需求为功能需求时，要充分考虑数据存储、系统部署及安全问题，避免软件需求功能部分无法达标。此外，软件需求分析师还需要充分考虑到法律法规、政策规定、业务规范、操作流程等规则的制定者，以及在软件项目实施及使用过程中拥有一票否决权的专家、监管者等。

4.2 涉众分析

干系人也称为涉众，他们是直接或间接影响产品的个人或组织，还可以是其他软件系统。面对所有的干系人，正确、有效、无遗漏地获取到他们的需求是软件需求工作顺利开展的重要保证。

因此，我们首先要尽可能了解所有干系人。

4.2.1 涉众分类

作为软件需求分析师，我们首先要识别产品的不同用户类别，做涉众分类。如何获取产品的所有用户呢？我们可以从使用软件产品的组织结构图上得到所有分类，或者从公司的人事部门得到所有人员列表。

组织结构图一般可以从公司网站上得到，如图4-2所示，这是从某实业公司网站上获取的组织结构图。

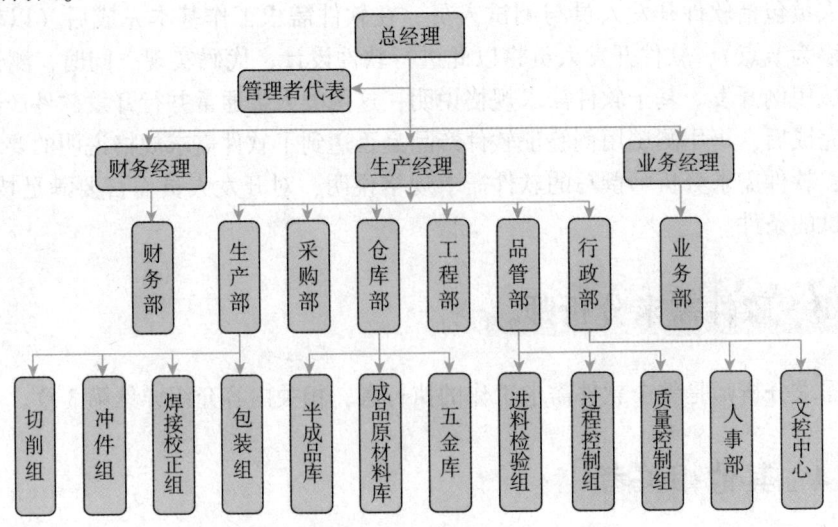

图4-2 组织结构图

涉众分类不是一次性完成的。在得到初涉众列表后，快速地联络相关人员，向他们咨询是否还有遗漏，能够帮助我们完善涉众列表。另外，在进入业务分析阶段，整理出每个主流业务流程之后，对业务流程的操作者、管理者、决策者进行一次梳理，也可以帮助我们发现遗漏的涉众类别。

在涉众分类完成后，需要将其逐项整理到涉众列表里，在后续对每类用户进行分析时提供索引。表4-1给出了教务管理系统的涉众列表，表中的"干系人名称"中列出了涉众类别，"说明"指出他/她为什么是干系人，"相关度"表示其与产品直接相关的程度或产品涉及其利益或责任的深度。

表 4-1   教务管理系统的涉众列表

干系人名称	说明	相关度
学生	成绩查询、课程查询等	高
教师	成绩录入、课程调整等	高
教务管理者	课程安排等	高
质量评估中心	数据分析等	中
招生就业中心	数据查看、检索等	低

4.2.2   涉众代表选择

在整理出涉众列表后，对列表中的每一类干系人都要选出至少一位代表进行具体交流。每个具体的干系人，在专业背景、职业经历、个人价值观、组织角色、工作经验等方面都存在一些特殊性。因此，同一类涉众选出的代表应该能够覆盖此类涉众内部各种差异的干系人。退一步讲，选出的代表应该可以覆盖此类涉众的大部分具体的干系人。

在确定了涉众代表之后，我们要进行相关信息的收集。首先，收集该代表在组织中的位置，以及工作职责，通过这些信息能够更好地理解其诉求、关注点、阻力点是基于什么角色考虑的。其次，收集代表的个人特点，主要包括专业背景、职业经历，以便了解其管理逻辑与个人关注。最后，要获取代表的联系方式、工作时间、事务安排等信息，以便安排交流。

4.2.3   涉众画像

涉众画像的目的是了解干系人在业务过程中希望系统能够解决的关键问题，即要辨析清楚他们在业务决策、管理、执行过程中的关注点及担心点。

因此，在实施涉众画像时，要从两个角度出发：一是他们希望系统需要解决什么问题、提供什么业务支持；二是他们希望避免出现什么负面影响。

与每一类干系人代表进行交流后，都要产生一份干系人画像档案。这份档案在写作时需要注意：要从业务角度撰写、以结果为导向撰写、必须体现出业务价值。

表4-2给出了教务管理系统中的教师画像。这张表包含干系人代表的基本信息、关注点及备注信息。基本信息包括涉众类别、影响度（这项信息最好只对开发者可见，避免干

扰）、具体的干系人代表名字（真实姓名）及联系方式，以及系统涉及他的相关职责（不是他的所有职责，只是和系统相关的职责）。

表4-2　教务管理系统中的教师画像

基本信息	涉众类别	影响度	干系人代表名字	联系方式	职责
	教师	高	刘××	×××××	批阅各种需计入总成绩的材料，给出各项成绩，上载到系统中
关注点	编号	重要性	内容		
	1	高	能够设置成绩的比例、分数的构成，并自动计算汇总		
	2	高	学生成绩能批量导入导出		
	3	高	可以显示所有成绩，能够编辑单个学生的成绩		
	4	中	能自动提示可能输入错误的成绩		
	…				
备注					

关注点部分逐条写出干系人的关注点（有助于业务执行的期望，如表4-2的第1点）和阻力点（解决业务执行中问题的期望，如表4-2的第4点）。除要对关注点进行编号外，还要判断其重要性（如高、中、低），以便后面进行跟踪、管理。

4.3　关注点冲突

因为不同干系人的利益诉求点可能不同，所以他们之间的关注点有时会发生冲突。

4.3.1　不可避免的角力

从以下实例中，我们会发现有时不同干系人的关注点会存在冲突，并且难以调和。这时就需要分析出冲突背后的原因，并给出双方都能接受的解决方案。

不一样的关注点

为某汽车部件组装厂商开发生产管理系统时，配件仓储部门要求对每一次配件出库都做行政审批，而生产部门对配件仓储部门提出的出库审批流程非常抵制。

软件需求分析师和两个部门分别进行了沟通，但双方都非常坚持：配件仓储部门表示如果不对出库的配件进行审批可能会导致配件流失与浪费，后期核算部件/配件绩效时结果非常难看；生产部门表示每次审批的等待时间将延误生产进度，延长生产线上工人的工作时间，对此表示无法接受。

4.3.2　大多数项目背后的隐律

软件需求分析师在了解了上述冲突后，提出了如下解决方案。生产部门在每个工作日15点之前，对第二个工作日所需的全部配件一次性提出出库申请，行政审批在16点之前必须给出通过或不通过（给出原因）的审批结果。对驳回的申请，生产部门在当日17点之前更正后再次提交，最终审批在当日18点之前必须完成。这样，大部分情况下，生产部门在次日开始总是能立即取出生产所需的全部配件。

从这个实例中我们可以直观地看出，大多数项目成功推进背后的隐律是项目参与各方的妥协。我们可以不太准确地说，无论是小到个人内心的矛盾面、家庭生活、夫妻子女，还是大到跨国企业的合作、国家之间的合作，所有个体或团体事业发展的基础都是内部或外部各方力量的妥协与融合。

4.4　包容、合作、共赢

项目各方互相妥协的外在表现形式是通过互相包容，然后合作，最终达成共赢。下面介绍一个著名的德国大众、上汽集团、中国一汽三方合作的例子。三家企业及合作形式如图4-3所示。

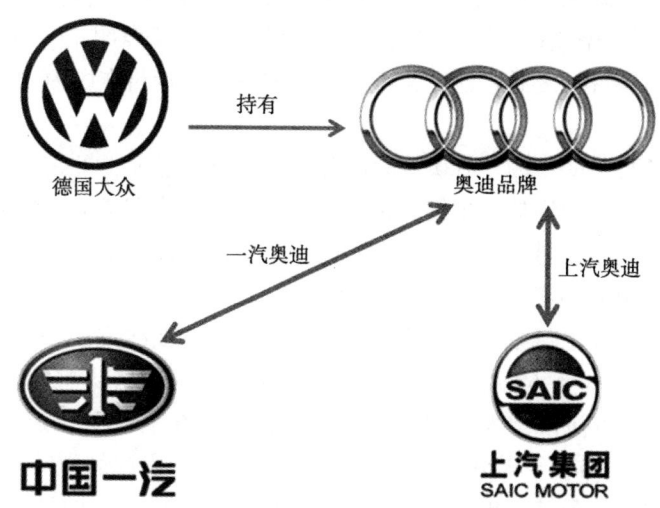

图4-3　三家企业及合作形式

德国大众（奥迪品牌持有者）和上汽集团（上海汽车工业（集团）总公司）在经历了四年的各种艰难险阻和争议之后，终于在2020年年末落实了上汽奥迪项目。2020年12月23日，上汽集团、德国大众、中国一汽（中国第一汽车集团有限公司）共同宣布就未来销售与服务合作达成共识：上汽奥迪将构建创新商业模式，其产品将由现有奥迪投资人网络布局销售，售后服务依托奥迪现有网络展开，为消费者提供高品质、高效率的服务保障。

这个方案具体来讲就是上汽奥迪自己不会另外开4S店，它未来生产的产品将通过一汽

奥迪的 4S 店进行销售和售后。同时，上汽奥迪将采用线上买车、线下拿车的新零售模式。不过，无论上汽奥迪的新车销售模式有多新，都将要在现有的一汽奥迪经销商（简称奥迪经销商）中寻找合作伙伴。这样一来，上汽奥迪只能赚制造产品的利润，而一汽奥迪赚的则是售后的利润。如此一来，上汽奥迪不就成了一汽奥迪的代工厂了吗？

其实，这也是上汽奥迪的无奈之举，若它要新建 4S 店，则要考虑店面是否能为消费者提供豪华品牌的独特体验，租金、设备和人工，都是一个巨大的投资。因此，上汽奥迪只能依靠奥迪经销商现有的经销商渠道，对于它来讲，这是一个比较保险和稳健的方法。现在再回看这三方达成共识的状态：上汽集团"只能忍气"被迫妥协，中国一汽"感觉还行"勉强接受，而德国大众为了奥迪产品的产销、经营也不得不进行多方调和。

时间回到 2016 年 11 月，德国大众与上汽集团绕开了中国一汽，签订了不具约束力的协议，双方洽谈成立新的销售公司。这则消息一传出，就遭到了来自一汽奥迪以及其经销商的强烈反对和抵制，其声称将会采取一切手段阻止双方合作，如停止奥迪新车的进货、要求奥迪赔偿数百亿等。因为如果上汽集团和德国大众合作，一汽奥迪就会被上汽奥迪和其他豪华品牌夹击，从而导致一汽奥迪的市场份额缩减、利益受损，所以一汽奥迪不同意。经过一汽奥迪与其经销商的反对和抵制，上汽集团与德国大众这个项目在当年年底便被迫宣告暂停。

2017 年 1 月，德国大众为了重启这个项目，于是下"血本"安抚中国一汽，双方签署了《一汽、奥迪十年商业计划》，德国大众承诺将继续扩大传统能源和新能源产品线；同时，未来双方也将在智能互联、移动出行、联合数字化项目、金融服务合作等领域加强合作。

对于德国大众的"糖衣炮弹"，奥迪经销商并没有第一时间妥协，而是用了"缓兵之计"。2017 年 2 月，奥迪经销商联合在三亚成立并发布《三亚声明》，声明中提到：当一汽奥迪完成 100 万辆销售目标之后，他们将不反对奥迪评估和探讨在国内选择新的合作伙伴和建立新的销售网络。

德国大众觉得这份声明中的"100 万辆销售目标"有些遥远，于是它又与中国一汽和奥迪经销商进行了三个月的拉锯战。最终，德国大众、中国一汽和奥迪经销商达成协议，德国大众承诺当其国内市场年销量达到 90 万辆之后，便会重启上汽奥迪项目，并保证未来只通过一个网络渠道销售奥迪的产品。

四年间，德国大众和上汽集团也没有闲着，双方都在用曲线方法来清除未来上汽奥迪在生产资质上的障碍。2018 年 6 月，德国大众以 1.15 亿元的价格认购上汽奥迪 1% 的股份。2018 年 10 月，上汽集团与德国大众共同投资 170 亿元，在上海安亭建立大众全球第一家 MEB 新能源汽车工厂。据公开报道称，该工厂未来也会生产奥迪品牌的车型。有意思的是，另外有消息称，未来上汽奥迪的电动车将基于 MEB 平台打造，这就意味着该工厂未来与一汽奥迪不会有任何交集。

由于德国大众将奥迪 A4L、A6L、Q5L 等热门车型都交给了一汽奥迪生产和销售，确保了原经销商利益不受损的情况下，留给上汽奥迪的车型只剩下 A7、A5 等车型。这些车型在销售潜力方面不太乐观，售后方面也没有积累一定的经验，其利润十分有限。据相关消息称，上汽集团与德国大众合作的首款车型将是奥迪 A7L，目前该车已经在安亭第三工厂进行小批量下线，跟现在的大众辉昂属于同一条生产线，也就是大家熟悉的 MLB EVO 平台；该车型于 2021 年第三季度开始预售，并于 2022 年初正式交付。

上汽奥迪未来生产的奥迪 A7L 原型车是奥迪 A7 Sportback，是一款实力强横的豪华四门 Coupe 运动型轿车，它的对手是奔驰 CLS、保时捷 Panamera 等车型。只是，上汽奥迪为了迎合国人的口味，该公司加长了曾经的"西装暴徒"并取消了曾经帅气的大溜背造型，现在的奥迪 A7L 变成了彻头彻尾的"西装革履商务男"。除奥迪 A7L 外，上汽奥迪还计划生产包括紧凑型纯电动 SUV、中型 SUV 以及中大型 SUV 等多款车型，其中奥迪 Q4 e-tron、奥迪 Q6 和奥迪 Q8 等车型都有望国产化。同时，种种迹象表明，上汽奥迪将会是德国大众电气化转型的关键部分。

经历了一波三折，上汽集团与德国大众终于牵手成功，三方达成的共识也确保了奥迪经销商、中国一汽和上汽集团的背后利益；同时，上汽奥迪的加入，与一汽奥迪形成了奥迪的双车线战略，从而占据豪华品牌细分化市场。届时，上汽奥迪项目落实也是德国大众在国内创造下一个"黄金十年"的重要一步。

4.5　小　结

本章列举了软件需求各方的合作者，其中软件需求分析师是其中的关键环节，是其他各方的信息交汇点。

在与数位跨国企业部门负责人交流的过程中了解到，这些负责人在日常工作中大量的时间用于交流与沟通，包括与上级、同级、下级，与内部同事、外部客户，与同行、政府部门、上下游渠道。他们经常说的一句话是：人理顺了，事情就顺利了。同样地，软件需求分析师在工作过程中，需要和系统的所有干系人建立包容与共赢的合作关系，这样才能顺利地进行软件需求工作。

4.6　习　题

1. 什么是涉众？
2. 哪些系统不需要或可以进行简单的涉众分析？
3. 涉众分析的活动有哪些？它们的工作基础、工作目标和工作成果分别是什么？
4. 软件系统有哪些常见的涉众？
5. 在软件需求分析中，如果发现冲突的需求该如何处理？

第4章　习题答案

第 5 章 业务需求

内容提要

当我们提到项目一词时，通常指的是为了达到具体目标而发起的临时性工作。软件需求分析师需要对项目有透彻的理解，包括项目的特征、参与项目的人、项目的目的。如果没有清晰理解项目目标，软件需求分析师将无法专注在正确的方向上引导和分析。项目目标可以衍生出项目的业务需求，这是整个需求工作的总纲。

学习目标

- 能厘清：项目的来源
- 能澄清：项目的业务需求
- 能界定：项目的范围
- 能撰写：项目愿景与范围文档

5.1   项目的来源

　　软件需求分析师首先应该了解一个机构投资一个项目的原因（或目的）。建设项目总是需要经费、资源及人力，包括机构内部的经费、资源与人力。对于每一个待建设（建设中）的项目，经常性地评估预期收益与支出比有利于机构及时做出调整与决策。

　　一些项目的收益是显而易见的，如通过电子商务拓宽销售渠道、通过使用系统简化业务流程降低成本、利用数据分析技术精准分类客户等。另一些项目的收益不是非常清晰的，软件需求分析师必须从干系人角度分析清楚投资项目的原因。

　　图 5-1 所列的因素通常是投资项目的原因（或称为项目的来源），在进行项目目标分析时，可以按图索骥，下面逐一阐述。

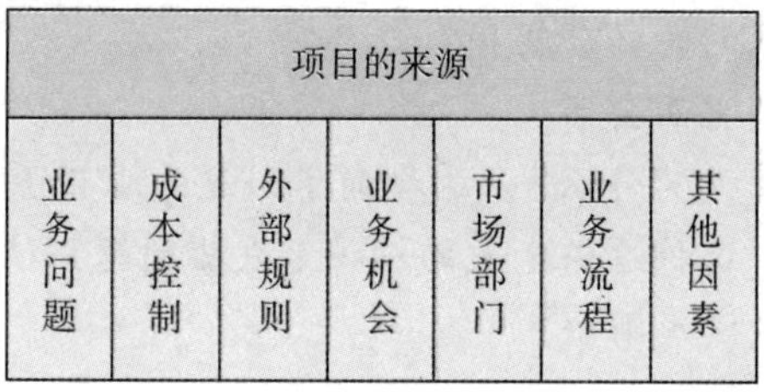

项目的来源						
业务问题	成本控制	外部规则	业务机会	市场部门	业务流程	其他因素

图 5-1   项目的来源

📋 5.1.1   业务问题

　　一些项目起源于机构需要解决的业务问题。业务问题通常听起来很简单，但有时候描述的问题并不是真正需要解决的问题，问题背后还有更深层次的问题。软件需求分析师应该洞悉问题背后的问题。

　　"五个为什么"技术可以有效探究问题背后的问题、项目的根本原因或底层动机。"五个为什么"技术建议软件需求分析师在涉及原因时问五次"为什么"来寻找根本原因。通常，少于五次的"为什么"之后就能找到根本原因。尽管这种技术非常有用，但是反复问同一个问题可能会令人厌烦。当第一个问题提出后，软件需求分析师应该仔细聆听回答。如果觉得信息还不够，那么就需要使用不同方式来继续引导。例如，因为什么原因你要启动这个项目呢？或者设计一个情景问题，例如，如果业务继续在旧系统上运作，会发生什么呢？变换的问题类型和方式可以从不同侧面，深度探究问题的真实原因。下面是"五个为什么"技术的起源和应用示例。

"五个为什么"技术的起源和应用示例

　　"五个为什么"技术源于一次新闻发布会,有人问丰田公司的大野耐一:"丰田公司的汽车质量怎么会这么好?"他回答:"我碰到问题至少要问五个为什么。"大野耐一总是爱在车间走来走去,停下来向工人发问。他反复就一个问题问"为什么",直到回答令他满意,这就是著名的"五个为什么"技术的起源。它的一个应用示例如下。

　　问题一:为什么机器停了?

　　答案一:因为机器超载,保险丝烧断了。

　　问题二:为什么机器会超载?

　　答案二:因为轴承的润滑不足。

　　问题三:为什么轴承会润滑不足?

　　答案三:因为润滑泵失灵了。

　　问题四:为什么润滑泵会失灵?

　　答案四:因为它的轮轴耗损了。

　　问题五:为什么润滑泵的轮轴会耗损?

　　答案五:因为杂质跑到里面去了。

　　经过连续五次不停地问"为什么",才找到了问题的真正原因和解决的方法:在润滑泵上加装滤网。如果没有以这种追根究底的精神来发掘问题,很可能只是换一根保险丝就草草了事,真正的问题还是没有解决。

5.1.2　成本控制

　　"开源节流"是常用的增加效益的方式,一些项目把减少业务运营成本作为项目的目标。不过,最佳的成本控制方式是减少人员支出。例如,ATM 减少了银行柜员的数量,超市门口的自动收款机减少了超市收银员的数量。图 5-2 所示的无人出租车将大幅减少出租车行业的人员数量。

图 5-2　无人出租车

在进行涉及人员成本减少的项目的需求工作时，可能的人员裁减问题必须充分暴露给项目发起人、项目经理、企业管理层、人力资源部门等，以便他们事先做出妥善的业务安排与调整。

5.1.3 外部规则

这里的外部规则主要是指机构为了适应外部新出现的法规而启动的项目。法规是由政府部门、行业监管机构强制规定的，新的法规不断地在建立，而已有的也会不断更新。还有一种情况是，因为机构发展到一定程度（如营业额达到一定数量），开始受到以前不起作用的法规的约束。有意思的是，这样的项目可以通过变革机构或重构组织规模来规避法规的约束，如开设分公司。

因此，软件需求分析师面对此类项目时首先要做成本/收益分析，确保机构投资项目物有所值。依照法规进行变革的项目可能花费不菲且很少有收入增加。这里的关键是软件需求分析师要定义一个尽可能紧凑的项目范围来控制项目成本。项目的目标应该紧紧锁定必须依从的法规，要注意避免增加其他项目目标，否则项目成本难以控制。

5.1.4 业务机会

市场出现新的业务机会也会成为项目的来源。业务机会非正式的定义是：一系列使做一件事情成为可能的事件。例如，21世纪初，随着屏幕传感器技术、移动互联网技术、微处理器技术的成熟，智能手机应运而生。正如小米集团前总裁雷军说的那样，"站在风口上，猪都会飞"，如图5-3所示。

图5-3 风口上的猪

业务机会可能来自现有客户要求定制一个产品，也可能来自客户服务部门从很多客户那里听到的需求，还可能来自对竞争产品研究后提出的改进与革新。如果业务机会很大，可能导致一种全新产品的开发项目；即便是提高客服服务水平、提升产品质量、改进流程效率的小机会，也可能因为数量及时间的积累对机构产生巨大的影响。当一个业务机会确定后，机构决策层在批准和投资相关项目之前一定要进行投入与收益分析。对机构而言，此类项目属于可选项。对应地，因适应法规而进行的项目对企业而言是必选项。

5.1.5　市场部门

市场部门提出的项目的一个重要特征是这类项目是由增加收入的期待所驱动的。市场部门提出的项目包括对市场活动的直接查询、市场数据调查、新产品支持、客户关系管理系统等，很多都是需要立即开展的短期项目。

通常，这类项目使用现有数据，从中挖掘销售机会。例如，市场部门可能需要知道消费者的购买模式及习惯，需要查询售后部分的商品反馈数据等。诸如此类的查询项目，其关键是列出所有的"筛选项"，否则，查询的结果可能是庞大且不能满足市场部门的需求。例如，在一个小的查询项目中，市场部门要求实现查询"同时购买了 A 与 B 两类商品的顾客"，最终导出的结果是一张极长的清单，根本无法使用。后期，开发团队加入了"购买次数""时间排序""购买地点"等筛选项后，市场部门立即获得了有价值的顾客清单。

5.1.6　业务流程

支持业务流程的软件项目首先考虑的是有无可直接应用的软件系统。现在几乎很少看见公司自己开发支付系统，因为现有的银行系统（包括网上银行与第三方支付平台）已经能很好地完成支付流程。其他较成熟的支持业务流程的软件系统包括：人力资源系统、薪资管理系统、会计系统、客户管理系统等通常可以直接使用（或部分使用）的系统。当打算使用已经商业化的软件系统时，除费用之外，一个需要关注的问题是：公司内部的业务流程是否完全可以通过已有的软件系统完成。如果可以，则在收益良好的情况下能够直接采购商业化的软件产品；否则，可以启动项目。

5.2　进入另一个领域

上一节列出了项目的六个主要来源，我们可以看到业务问题、成本控制、业务机会、业务流程这四个来源和组织中的业务直接相关，而由外部规则和市场部门导致的项目最终也会影响业务的执行和新增。因此，对软件需求分析师而言，快速了解组织的业务非常重要，特别是对于未涉足过的领域或业务。

我们可以通过三个层面的梳理，快速了解一个组织的基本业务情况，如表 5-1 所示。

表 5-1　组织的基本业务情况

业务层面	业务情况
战略层	目标客户、商业产品（服务）、商业模式
创造层	业务流程、主要活动
执行层	组织架构、工作职责

5.2.1　战略层

战略层对应组织的基本情况。我们需要知道谁是目标客户，主营的产品或服务是什么，组织的商业（盈利）模式是什么。

客户就是为产品或服务付费的人。这里我们需要把客户和用户进行区别。例如，对于电商平台，消费者是平台的用户，而入驻平台的商家是平台的客户。因为入驻商家要为平台提供的软件、售后、物流等一系列产品及服务支付费用，而消费者只是借助平台渠道实现了网上购物。

产品或服务是我们交付给客户的可以为其提供价值的事物。商业模式可以简单地理解成组织的盈利方式。例如，传统家电行业大部分通过分销商、经销商、店面的模式盈利；电商平台实现了入驻商家的商品直销；而门户网站大部分通过投放广告的方式实现盈利。

5.2.2　创造层

创造层指的是组织内部对商品生产或服务实现执行的业务流程及活动。创造层对应组织的全景活动。创造层的梳理稍微复杂一些，我们可以借助公司业务流框架按图索骥地进行了解。图 5-4 所示是由国际标准权威组织 The Open Group 制定的开放组体系结构框架（The Open Group Architecture Framework，TOGAF）标准推荐的企业价值流创造框架。

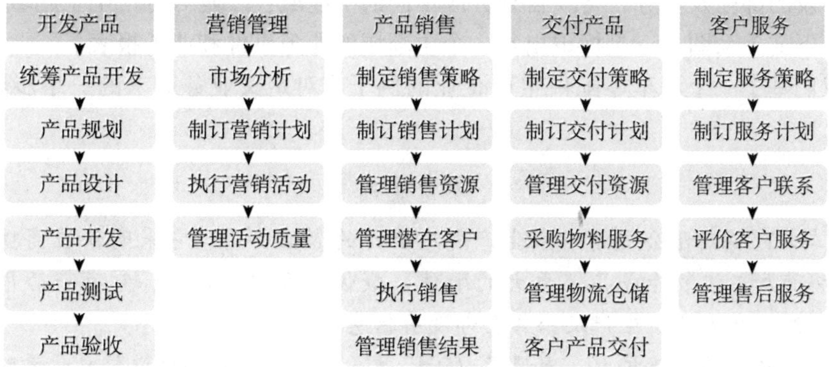

图 5-4　企业价值流创造框架

在使用企业价值流创造框架进行组织业务梳理时，建议进行两次调研。第一次是对公司整体进行宏观了解，即尽可能地覆盖图 5-4 所列的每一个部分。第二次是对项目密切相关的步骤进行详细调研，如项目与产品交付相关，则应对第四列"交付产品"执行更进一步的细节调研，一个实例如图5-5所示。

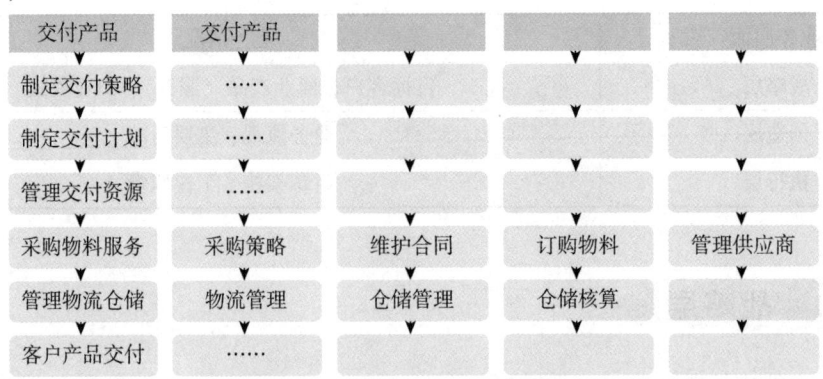

图5-5　企业价值流创造框架实例

📋 5.2.3　执行层

创造层调研的目的是回答这个业务流程是怎么做的，而执行层调研关注的是由组织的哪个部门承接业务流程，可以认为执行层调研是对创造层的补充。

执行层调研的主要工作是整理之前的调研记录，在流程框架与调研输出物中将企业的组织架构进行补充；然后将其中一些无组织部门承载或职责重叠的业务流程识别出来并进入下一次的调研，这样可以帮助我们迅速厘清人力资源复杂的组织架构与组织各个部门的职责分工。

5.3　定义业务需求

在熟悉了项目背景后，我们可以开始着手定义业务需求了，这涉及三个步骤。一是综合考虑项目涉及的部门及业务，将项目划分成不同的主题域；二是对每一个主题域，按实际情况绘制出上下文关系图；三是标识出每一个主题域的业务事件和业务报表。

下面我们基于一个汽车零配件生产企业的例子，对定义业务需求的三个步骤进行详细展开。

参考案例

××汽车零配件有限公司是一家生产汽车配件的专业公司，它采购供应商提供的零配件原料，将其加工组装为成品（更大的配件）提供给客户。目前，它有一套用于记账的简单财务系统，但采购、生产及销售全部没有信息化。

随着生产规模的不断扩大，出现了以下问题，公司希望能够通过信息化系统解决。

（1）生产线往往因为零配件原料不能及时供给而停止，误工误时，从而导致不能及时完成订单，引起客户的不满。造成这个现象的原因是生产过程中没有对零配件原料进行有效管理，当原料不足时，车间才通知采购部门开始采购，但是很多原料无法马上供应到现场，从而导致生产线暂停。

（2）车间生产安排不合理，效率不高。造成这个现象的原因是车间按时序处理订单，没有对订单的内容、工作量进行评估，没有集中生产不同订单的相同成品，导致在每笔订单完成期间要不断设置机器。

（3）采购部门通过纸质报表、领导审批后，人工递送给财务部门支付原料采购费用。对于已经完成的订单，需要等待财务反馈客户已付款才发货，整个信息传递全靠人工处理，传递不及时也容易出错，如有时客户只是部分付款却要求全部发货。

📋 5.3.1 划分主题域

当面对一个新项目时，可以将整个待开发的系统当作一个黑盒子。首先判断此项目是否需要进一步划分成不同的主题域。如果需要，我们可以把这些不同的主题域及它们之间的接口标识出来。

"分而治之"是解决复杂系统的有效方法，然而划分的原则却是一个值得考究的问题。传统的划分多采用"业务名词+管理"的方式，如仓储管理、产品管理、客户管理、订单管理。这种划分方式有一定的合理性，但关键的缺陷是执行一个业务流程可能要在系统中操作多个模块。更合适的划分方式是以业务流程（业务事件）为线索来进行划分，显著的益处是在软件层面执行一个业务流程比较简单，而且系统的整体逻辑性更好。

在划分主题域时，有如下三条实用操作技巧。

（1）按组织结构划分：划分主题域时应该从职责划分的角度来思考，组织结构是划分主题域的重要参考，有时部门的边界就是主题域的边界。

（2）按分管领导划分：我们可以观察组织中分管领导的设置，特别是主管领导下有多少分管副职是主题域划分的重要参考。例如，一般高校中，有分管教学、科研、后勤的三个副职校长，对应着高校中的日常教学、科学研究、后勤保障这三项主要业务。

（3）按业务职责划分：很多组织中都有自己的产、销、供环节，这也提供了一种划分思路。

在上述实例中，经过初步调查，软件需求分析师首先对××汽车零配件有限公司的部门设置情况进行了如下梳理。

（1）销售部门：负责向客户推介公司，接收客户的订单并转交给车间。在订单款项支付完成后，按订单顺序安排成品发往客户。

（2）生产车间：接到销售部门的订单后，开始组织生产；当零配件原料不足时，向采购部门申请采购。

（3）采购部门：完成相关零配件原料的采购、申领、管理等工作。

（4）财务部门：负责支付零配件原料的费用，以及回收订单的款项。

按照上述四个部门，软件需求分析师将整个系统分成四个主题域：生产管理子系统、采购业务子系统、订单业务子系统、财务业务子系统。

将项目划分成不同的主题域后，还应该尽早标识出各个主题域之间的接口，这样可以有效避免修改个别主题域或后续新增主题域对项目整体的影响。建模主题域及其接口最合适的方法是采用 UML 中的构件图，如图 5-6 所示。构件图只包含两种元素，即构件和接口。构件与构件之间不直接建立关系，接口与接口之间也不直接建立关系。构件与接口之间有两种关系，一种是实现关系（表示构件实现了这个接口），另一种是使用关系（表示构件使用这个接口）。图 5-6 中系统 A 实现了"信息查询"这个接口，而系统 B 使用这个接口。

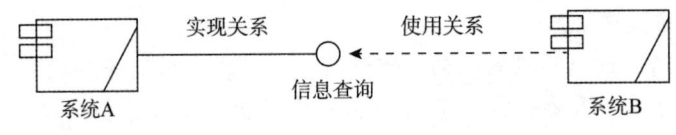

图 5-6　构件图

绘制构件图时，可以将每个主题域用一个构件表示，然后分析各个主题域之间的接口，将构件连接起来。在确定两个构件之间的接口由谁来负责实现谁来使用时，最有价值的原则是"职责驱动设计"。这个原则的应用方法是：考虑构件知道的事情，这是构件的属性，需要向外提供接口；考虑构件能做的事情，这是构件的方法，需要使用外部接口。下面对于参考案例，我们来考虑主题域两两之间的接口关系。

"订单业务子系统"与"生产管理子系统"之间后者按照前者提供的订单实施生产，因此，"订单业务子系统"需要提供订单查询接口，"生产管理子系统"需要提供成品查询接口，供"订单业务子系统"检查订单完成情况。"采购业务子系统"与"生产管理子系统"之间前者应该提供原料请求接口供后者使用，同时，"生产管理子系统"应实时记录原料的消耗（因为是在生产现场消耗的），向"采购业务子系统"提供存料查询接口。"财务业务子系统"应向"订单业务子系统"提供货款查询接口，以便后者确定订单状态；"财务业务子系统"还应向"采购业务子系统"提供支付申请接口，以便后者支付原材料费用。

经过上述分析后，图 5-7 给出了完整的××汽车零配件有限公司构件图。

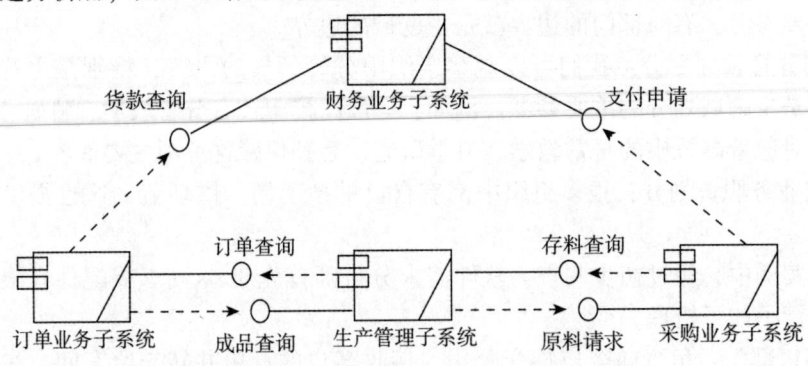

图 5-7　完整的××汽车零配件有限公司构件图

5.3.2　确定范围

当考虑到系统或子系统的范围时，通用的建模方法是用上下文关系图进行表示。需要注意的是，上下文关系图应该与用户代表沟通共同绘制，是一种团队建模的产物，而不是软件需求分析师自造的图形。

当表示主题域的构件图完成后，对每一个主题域，我们可以采用如下的步骤绘制上下文关系图。

（1）用一个圆角矩形表示主题域，写上主题域的名称，将整个主题域看成一个黑盒子。

（2）将与此主题域有关的其他主题域及它们之间的关系表示出来。

（3）寻找与此主题域有关的其他外部事物（人及其他系统），将这些事物及关系表示出来。

（4）思考主题域内部有无主动发起的事件。

我们以图5-7中的"订单业务子系统"为例，展示上述步骤。首先，我们用一个圆角矩形表示这个系统，如图5-8所示。

订单业务
子系统

图5-8   上下文关系图（1）

然后，考虑与"订单业务子系统"直接关联的"财务业务子系统"及"生产管理子系统"，它们的上下文关系图如图5-9所示。这里的信息流依然按照"职责驱动设计"的原则设置，即谁有信息谁负责发送。例如，"财务业务子系统"拥有货款信息，所以这个信息由它负责发送给"订单业务子系统"（实际实现时，是由"财务业务子系统"提供接口供"订单业务子系统"调用后，再传递货款信息，如图5-7所示）。

图5-9   上下文关系图（2）

随后，我们寻找与"订单业务子系统"有关的其他外部事物。很显然，客户会使用这个系统提交订单，而订单是否合格（能否生产及是否写清楚）需要审核员审核。合格的订单将由核算人员（或系统自动，这也需要财务人员设定）报出订单价格并反馈给客户。通过上述分析，添加了客户、审核员及核算员的上下文关系图，如图5-10所示。

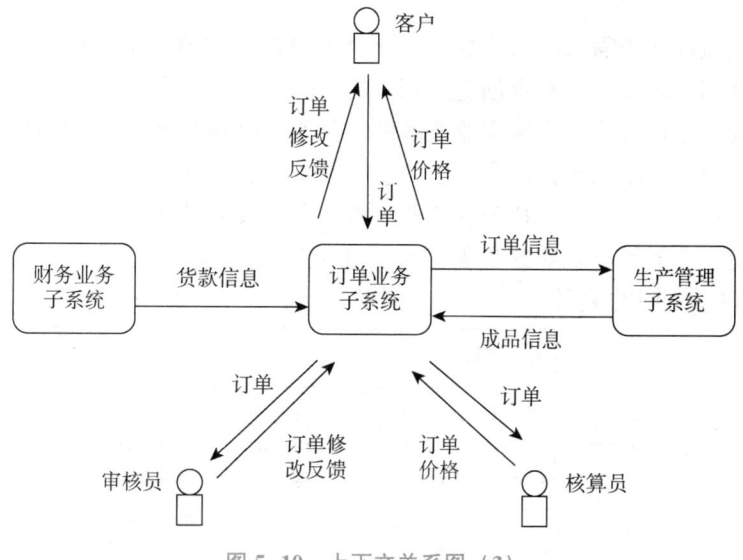

图5-10   上下文关系图（3）

最后，我们思考"订单业务子系统"内部有无主动发起的事件。对于××汽车零配件有限公司的决策层来说，他们需要定期查看公司订单的汇总信息以便做出决策，所以在这个系统内部需要定期生成统计报表数据，推送给公司决策层。因此，这个系统完整的上下文关系图如图 5-11 所示。

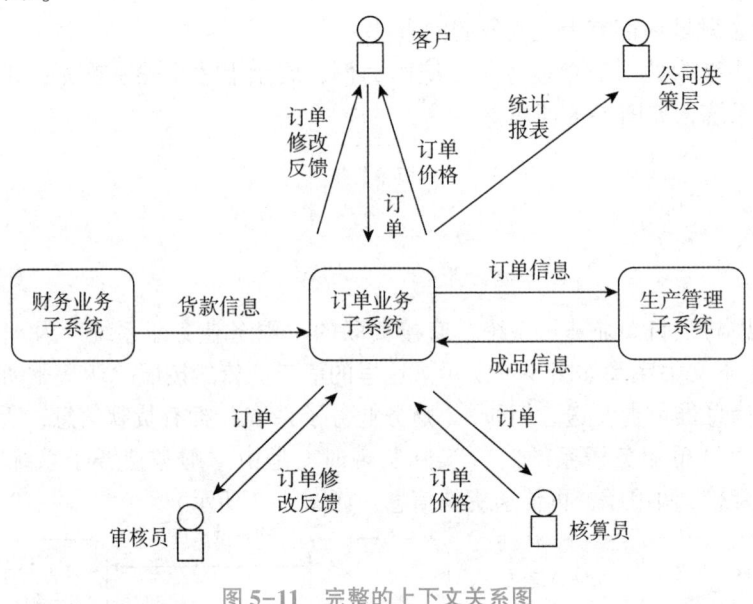

图 5-11　完整的上下文关系图

5.3.3　标识事物

主题域的上下文关系图完成后，就以此为基础，通过与用户交流将主题域的业务事件及业务报表标识出来。一般地，对于联机事务处理系统，业务事件（流程）是分析的核心线索；对于信息管理系统，业务报表（包括各种查询、分析、统计）是分析的核心线索。

1. 业务事件

业务事件是梳理业务需求的重要线索，一个组织存在的核心价值在于接受外部的请求，通过响应请求让用户满意的同时也创造了相应的价值。

组织会启动一个业务流程来响应业务事件，业务流程通常包含一系列业务活动，业务流程通常是由不同部门、不同岗位协作完成的。一般地，业务流程信息需要通过与组织中层管理者交流获取。业务活动从属于特定的业务流程，大多数情况下是一个人执行，由多个业务步骤组成。因此，业务活动及业务步骤相关信息需要通过与一线操作人员交流获取。图 5-12 列出了这些概念之间的关系。

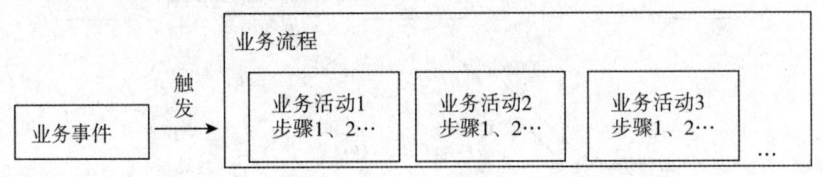

图 5-12　业务事件、流程、活动、步骤之间的关系

业务事件可以分为外部事件（来自系统外部的事件）和内部事件（系统内部触发的事件）。外部事件由主题域外的客户发起或由主题域内的用户发起，内部事件包括时间事件（由于到达某一时刻所发生的事件）与状态事件（由于达到某一状态所发生的事件）。

现在以图 5-11 为例，（与用户交流后）列出了如下事件：

（1）客户提交订单；

（2）系统反馈订单价格；

（3）系统反馈修改订单；

（4）审核员审核订单；

（5）核算员计算订单价格；

（6）系统产生统计报表；

（7）系统输出订单信息。

通过这个例子我们可以看到，由其他子系统发出的数据流一般归结到对应系统的事件列表中，而不在当前系统中陈列。

2. 业务报表

同样地，围绕着上下文关系图，通过和用户交流，进行业务报表及报表内容的整理。"订单业务子系统"可以整理出如下报表：

（1）客户订单；

（2）订单反馈表；

（3）订单价格表；

（4）订单统计表（日表、周表、月表、年表）；

（5）生产订单。

5.4　项目愿景与范围文档

项目愿景与范围文档主要描述业务需求，是需求工作第一个独立的交付物，为后续的开发工作奠定基础。项目愿景像建筑工程施工围墙上画出的建筑完工效果图一样，而项目范围清晰地定义出要做什么，以及什么时候完成。

软件需求分析师应该与项目的发起人、出资方及中高层管理者充分交流，以更好地定义项目愿景与范围文档。下面给出了项目愿景与范围文档的一个参考结构。在实际使用时，可以根据项目自行裁剪或扩充使用。

××项目愿景与范围

1. 业务需求

　1.1　项目背景

　1.2　业务机遇

　1.3　业务目标

　1.4　愿景声明

　1.5　业务风险、假设和依赖

2. 范围和限制

　2.1　业务模型

　2.2　初始版本范围

5.4.1　第一部分：业务需求

　　项目的来源已在 5.1 节总结出了六个，在这小一节我们按项目背景、业务机遇、业务目标、愿景声明等展开业务需求。

1. 项目背景

　　项目背景部分总结新产品或对现有产品进行更新时的依据和环境，描述产品开发的历史背景或形式。

2. 业务机遇

　　对于企业信息系统而言，业务机遇部分描述要解决的业务问题或要改善的流程以及系统的应用环境。对于商业产品而言，业务机遇部分描述现有的业务机会和产品的竞争市场。业务机遇部分应对比已有系统或旧系统与待开发系统，并指出待开发系统的优势，描述待开发系统能很好地解决业务问题，或者符合市场潮流、技术趋势或组织的战略方向。

3. 业务目标

　　业务目标部分采用定量或可测量的方式陈述新系统将会给组织带来的商业利益，避免使用概括的、笼统的、不可测量的陈述，因为这样后期无法验证。业务目标应该是在与用户交流后仔细核算、认真设定的。业务目标的设定应该遵循 SMART 准则，即目标必须是具体的（Specific），是可以衡量的（Measurable），是可以达到的（Attainable），是与业务相关的（Relevant），以及必须在截止日期之前完成（Time-based）。

4. 愿景声明

　　一个简洁的愿景声明，要总结出产品的长远目标和意图。愿景声明应当呈现一定程度上的平衡性，以满足不同干系人的期望，可以用些许理想化的语言描述，但不宜过分脱离现实或市场预期、组织架构、战略及资源限制。一个新系统的愿景声明可以采用如下模板。

愿景声明模板

针对	[目标客户]
他们	[需求或期待什么]
新系统	[系统名称]
是	[系统类型]
新系统	[主要功能、关键收益、购买或使用的理由]
不同于	[当前系统、主要竞争产品或当前的业务过程]
新系统	[具有的主要不同点及优势]

5. 业务风险、假设和依赖

　　业务风险、假设和依赖部分首先列出主要业务风险，包括市场竞争、时机问题、用户接

受能力、实现过程中可能出现的问题以及对业务可能造成的消极影响。

　　这里的"假设"是指在没有证据或确定知识的情况下先认定其为真的一种说明。业务假设与业务目标是密切关联的，如果假设错误，业务目标可能就无法实现。例如，一条业务目标是：新系统的启用将使订单的完成量每月增加 10 笔。在这里需要设定的假设就是，生产车间能够不间断地获取生产原料。

　　我们还要将新系统对外部因素的所有重要依赖全部记录下来，如政府法规、第三方供应商等。我们应该注意到，依赖被破坏是造成项目延迟的常见因素。

5.4.2　第二部分：范围和限制

　　软件项目应该定义其范围和限制，陈述正在开发中的解决方案是什么和不是什么。很多项目深受范围蔓延的困扰，新系统不断加入功能，范围难以控制。因此，第一步是定义项目的范围。限制则指出了新系统不包括某些功能，即便是某些干系人仍期待这些功能能够实现。

　　范围和限制有助于干系人建立现实的期望，因为有时客户所要求的功能不是过于昂贵，就是超出预期的项目范围。

1. 业务模型

　　业务模型可以采用上一节的构件图、上下文关系图及业务事件和业务报表，按主题域列出，并给出必要的文字说明。

2. 初始版本范围

　　范围的定义是分层次的，可以通过主题域来定义，还可以通过业务事件及业务报表等形式来定义。不要一开始就把所有的主题域都包含在初始版本里，合适的做法是初始版本只实现核心主题域的功能。

　　初始版本应该关注基本的系统目标，而在后续版本中增加其他主题域的功能、附加选项和使用帮助。初始版本要关注非功能需求，对于核心主题域的非功能需求从一开始就必须要注意。

3. 后续版本范围

　　如果新系统正在经历迭代或处于增量式生命周期，应构建一个发布路线图，指出哪些功能将被推迟以及后续版本的预期时间点。后续版本发布会实现更多的功能，惠及更多的主题域，为初始版本不断附加价值。一个普遍的现象是，越往后期，范围可能越模糊，变更的可能性就越大。因此，重要性较低或不确定的业务功能可以尽可能囊括在后续版本中。

4. 限制和排除

　　限制和排除部分列出干系人期望但不计划纳入新系统的功能或特性，列出从范围中去掉的条目，让所有人都清楚地记住这个范围决策。例如，若新系统不支持手机使用，则应该明确地表示"新系统不提供移动平台支持"。

5.4.3　第三部分：业务背景

　　本小节介绍干系人简介，以及在解决方案部署时需要考虑的一些因素。

1. 干系人简介

我们可以对第 4 章确定的软件需求的合作者，列出如下所示的干系人简介。

干系人简介

（1）干系人从新系统中获得的主要价值或好处。

（2）他们对新系统的预期态度。

（3）他们感兴趣的主要功能。

（4）必须加以解决的任何已知约束。

---

2. 部署注意事项

解决方案部署时，应收集必要的信息，确保解决方案可以有效部署到操作环境中；描述用户对该系统的访问方式，注意语言、时区、操作习惯等一系列因素；当开发环境和操作环境差别较大时，要特别注意新系统运行时需要的最低硬件配置、软件包等。若系统比较复杂，则应该编写独立的安装说明书。

5.5 终身学习

Bill Gates（比尔·盖茨）、Steve Jobs（史蒂夫·乔布斯）、Warren Buffett（华伦·巴菲特）、Larry Page（拉里·佩奇）、Jeff Bezos（杰夫·贝佐斯）……这些白手起家的亿万富豪如何持续学习？我们也能在生活中用到他们身上具有的某些特质吗？答案是肯定的。终身学习能够使你适应快速变化的知识经济。

持续学习者有两项重要的特质：他们每个人都是一个贪婪的学习者；他们每个人都是一个博学多才的人。下面我们可以看看是否有简单的技巧能让你把它们应用到自己的生活中。

首先，贪婪的学习者可以定义为遵循"5 小时法则"的人，他们每周至少花 5 h 有意识地学习。博学多才的人可以定义为能胜任至少三个不同领域、把能力整合成一套技能组并成为各自领域前 1% 的人。

如果努力让自己拥有这两项特质，相信它们会对你的生活产生巨大的影响，可以让你更快地接近你的目标。当你成为一个贪婪的学习者时，你会把过去所学整合起来；当你成为一个博学多才的人时，你可以将技能结合起来使用。同时，可以为自己定做一套独一无二的技能组，这将有助于提高你的竞争优势。

根据比尔·盖茨自己的估计，他坚持每周读一本书长达 52 年，其中许多书与软件或业务无关。在整个职业生涯中，他每年安排两周时间作为阅读假期。

1994 年，Playboy（花花公子）对他进行了一次采访。采访内容很精彩，从中可以看到那时候他已经认为自己是一个博学多才的人。

Playboy：您不喜欢被称为商人吗？

比尔·盖茨：是的，生意并没有那么复杂，我不想把它放在我的名片上。

Playboy：那您想放什么呢？

比尔·盖茨：科学家。当我读到伟大的科学家的故事，比如 Crick（克里克）和 Watson

（沃森）发现 DNA 的故事时，我感到非常高兴。商业成功的故事却不能引起我的兴趣。

比尔·盖茨从大学辍学后，一直从事计算机软件行业。他认为自己是科学家这一点尤其引人思考。有趣的是，Ilon Musk（伊隆·马斯克）也不认为自己是一个商人。在最近的 CBS 采访中，他说他认为自己更像一个设计师、工程师、技术专家，甚至巫师。

这样的例子不胜枚举。拉里·佩奇常常花时间与他遇到的每个人深度交流，从谷歌门卫到核聚变科学家，他一直在向别人学习。华伦·巴菲特认为他成功的秘诀是："每天读 500 页。这就是学习知识的方法。知识需要积累，就像复利一样。"杰夫·贝佐斯从大量的实验中学习，而后建立了自己的公司，他一生都是一个狂热的阅读爱好者。最后，综合各领域的著名范例当属史蒂夫·乔布斯，他把自己的博学变成了苹果公司的竞争优势。他甚至说："仅靠技术是不够的。技术与艺术的结合，再融合人文科学，才会产生让我们心动的结果。"

当然，拥有这两个特质的成功人士不限于这几位。如果把这个名单扩展到其他白手起家的亿万富翁，我们可以看到 Oprah Winfrey（奥普拉·温弗瑞）、Ray Dalio（雷·达利奥）、David Rubinstein（大卫·鲁宾斯坦）、Phil Knight（菲尔·奈特）、Howard Max（霍华德·马克斯）、Mark Zuckerberg（马克·扎克伯格）、Charles Koch（查尔斯·科赫）等许多人都有着相似的习惯。

为什么世界上最忙碌的人会投入他们最宝贵的资源——时间来学习与他们的领域看似无关的主题，如核聚变能源、字体设计、科学家传记和医生回忆录？他们每个人都掌管着由成千上万聪明的人组成的团队。他们几乎把生活和事业中的每一项任务都委托给了最合适也最聪明的人，然后开始大量学习。他们大量学习背后的动因是：在最高层次上，学习并不是为你的工作做准备。学习是最重要的工作，它就是你的核心竞争力，是你永远不能委托的事情。学习是长期绩效和成功的核心驱动力之一。

在一个日益复杂、快速变化、知识经济发达的时代，我们应该成为贪婪的学习者和博学多才的人。这件事是显而易见的，可是为什么普通人会认为有意学习只是生活的选项之一？这是因为我们普遍接受了三条强有力的信息。这些信息在过去可能是正确的，但是放在现在来看未必如此：

（1）学科是对知识进行分类的最佳途径；

（2）在学校/大学里完成大部分学习；

（3）你必须选择一个领域并专注于它。

这些信息很可能摧毁我们对学习和知识的直觉，并最终阻止我们创造渴望的成就。如果我们能够意识到这些问题，就可能纠正这些错误，就像世界上成功的人所做的一样。

1. 学科是对知识进行分类的最佳途径吗？

教育系统建立在一个将知识分为不同学科（如数学、文学、历史、科学）的模型上。从幼儿园开始，我们得到的信息就是，最好单独学习这些学科。这些学科甚至能进一步分解成更小的学习领域，例如，经济学可以分解为微观经济学和宏观经济学。这种分解领域分别教学的模式被称为还原论。尽管它现在仍然是我们社会的标准学习方法，但国家已经开始重视通识教育了。

还原论有很大的好处。在范围很小的领域内，每个人有相似的知识背景，并采用相同的术语，新知识就得以高速有效地传播。研究系统的一部分比研究整个复杂的系统容易很多。这种模式催生了许多重要的发现。

　　然而，还原论的一个关键缺点是领域之间的联系变得模糊。这种结果就是所谓的"负面学习转移"（Negative Learning Transfer），即学习一件事情会让学习其他事情更难，因为我们学到的概念与特定的学习领域密切相关。例如，如果你在尝试学习第二种语言，新语言的语法、词序、时态或复数规则与你的母语不符合，那么你会感到举步维艰。此时你的经历就是负面学习转移。

　　还原论的另一个缺点是，专业领域以外的人无法轻易理解领域内发生的事情。例如，一个神经外科医生与另一个神经外科医生探讨完全没问题，但一个神经外科医生试图向一个平面设计师解释脑部手术的最新进展，是不是有些困难？

　　每个领域都有自己的语言和文化，所以在一个领域的独特见解并不适用于另一个领域。虽然知识应该是相通的，我们却无法迁移概念和规律。这导致了回声室效应（Echo Chamber Effect），即在信息时代，人们经常接触相对同质化的人群和信息，听到相似的评论，倾向于将其当作真相和真理，不知不觉中窄化自己的眼界和理解，走向故步自封甚至偏执极化。

　　实际上，我们学到的东西强烈地依存于它的背景。以锻炼身体为例，很多人都有开车到某个位置跑步的经历，以及乘电梯去健身房运动的习惯。生物学家 James Zul（詹姆斯·祖尔）在他的书《改变大脑的艺术》中解释了为什么学习迁移如此复杂："通常我们不具有连接一个学科与另一个科学的神经网络。尤其是如果我们已经学习了将知识分解为数学、语言、科学和社会科学等部分的标准课程之后，学科知识是分别建立起来的，所以我们看不到学科的关联性。"

　　伊隆·马斯克对此感受非常强烈，我们的教育体系没有教会孩子们知识的"共同根源"。因此，他创建了自己的学校，并把他的所有孩子都送到这所学校上学。

　　教学的重点应当是解决问题，而不是使用工具。假设试图教人们引擎工作的原理，传统的方法将会教授关于螺钉旋具和扳手的一切内容，你将需要学习一个螺钉旋具课程和一个扳手课程，然而，这个方式很难达到目的。更好的方法是"这是引擎，让我们把它拆开。怎样拆开呢？我们需要一个螺钉旋具，这就是螺钉旋具的用途；我们还需要一把扳手，这就是扳手的用途"。过程中一件非常重要的事情发生了：知识的相关性很明确地被传达出来。

　　实际上，有一种更深层次的给知识分类的方法。这种方法适用于学习所有领域的基本原理，还可以传授令学生终身受益的能力。这些基本原理被称为心智模型（Mental Models）。

　　回到锻炼身体的例子，压力和恢复的现象是锻炼使我们变得强壮的原因：锻炼暂时地对我们的肌肉和心血管系统施压，使它们承受的压力超过平常承受的范围，然后在恢复的过程中变得更强。我们可以在其他方向和领域中发现相似的模型。例如，它解释了为什么某些困难经历能帮助我们在精神上变得更强大。在心理学中，这被称为创伤后成长。在社会心理学中，这些困难的经历被称为多样化体验。在成人发展中，它们被称为最佳冲突。通过这些例子，我们可以看到相同的底层心智模型在不同的应用领域中被赋予不同的名称。

　　心智模型是将学科联系在一起的网络，如图 5-13 所示。

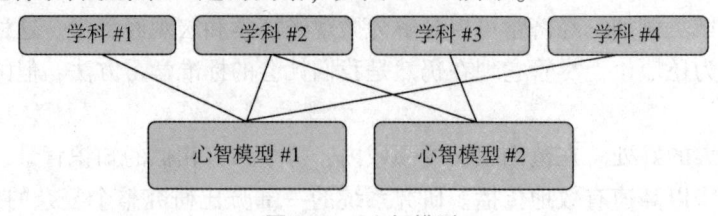

图 5-13　心智模型

这就是世界上许多顶尖的学习者和博学多才的人在知识经济中领先的方法。通过心智模型对知识分类与通过学科对知识分类同样重要，因为心智模型是学科的基础，并连接着各个学科。

2. 在学校/大学里能完成大部分学习吗?

教育最根本的问题之一就是学校与学习的融合。事实上，学校只是学习发生的一个环境。在我们的生活中，几乎所有的学习都发生在学校之外：在家里、在操场上、在运动场上、在旅行中、在我们阅读的书籍中、在我们的爱好中，特别是从工作中学习。然而，我们却被教育成将正规教育视为"真正的"教育。

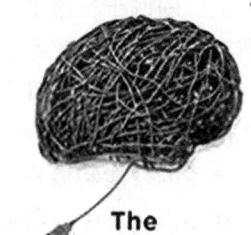

图 5-14　《生活的算法》

把学校里学到的东西和现实世界里发生的事情混为一谈，在军事和执法部门中被称为"训练伤疤"（Training Scars）。《生活的算法》（如图 5-14 所示）这本书通过引用一些极端伤疤例子，来显示后果会有多严重。

例如，现实中警察在打了两枪后就把武器放回皮套中（就像训练时一样），或者会暂停枪战而把用过的弹壳放到口袋里（这是标准的靶场礼仪）。在一个真实案例中，一名军官从袭击者手中夺过枪，然后本能地将枪还了回去——就像他在警察学院时与他的训练师进行的一次又一次训练那样。

类似地，我们经常在学校里学习一些技能，而这些技能不适用于现实世界，甚至会影响我们在现实世界中的表现。例如，我们都知道在课堂上遵循指导并遵守规则的人会得到奖励。但在现实世界中，关键的领导特质：冒险和原创思维，两者都与课堂学习训练的成果背道而驰。简而言之，大部分的正规教育把我们培养成追随者，而不是领导者。

最具影响力的领导者、艺术家和科学家几乎都对学习有一种天生的热爱与痴迷，这种痴迷贯穿了他们的一生。无论他们有多忙，他们都会挤出时间来学习。1991 年，比尔·盖茨接受了采访。他自豪地分享着他经常工作到深夜，回家后还会继续读书。

中学和高等教育通常不鼓励学生自主学习或培养终身学习的爱好（现在情况已经开始发生变化）。事实上，为了考试或仅仅是进入一所好大学而学习往往会带来外在的动机，而这实际上会阻碍内在的动力。

正规教育通常不擅长向学生展示学科之间的联系，或者教学生如何在现实世界中应用他们所学到的东西以得到他们想要的结果。在正规教育的结果之上，我们最需要加强的是对学习的热爱和成为自主学习者的能力。一个自主学习者能够识别和排序他所面临的问题，学到解决这些问题的能力，坚持每周至少学习 5 个小时，并将学到的经验应用到现实世界的挑战中。

一旦一个人爱上了学习，他就会终身自主学习。那么，自然地，几十年努力的积累，将会提供比一个四年的学位更高的价值。将正规教育弱化不是解决之道，实际上教育系统中有许多了不起的老师，他们提供了教育变革的经验。立法者制定了更密集的测试要求，这导致产生了一种为考试而教学和学习的文化。他们这么做的原因仅仅是希望学校系统可以承担更多的责任。

在我们的一生中，大多数的学习都是在学校之外进行的。对成功而言，终身学习、自我激励的学习比成绩和学位更重要。

3. 你必须选择一个领域并专注于它吗?

在 Adam Smith (亚当·斯密) 的代表作《国富论》的第一页, 他以一个别针工厂为例, 说明了专业化的力量。在这个特定的工厂里, 仅仅 10 个工人就能每天生产出 48 000 个大头针, 令人震惊。这是分工带来的高效率, 每个人专门负责生产过程的一部分。

亚当·斯密估计, 如果这 10 个工人中的每一个人都自己独立完成每一步, 那他们每天只会创造 200 个大头针。换句话说, 专业化让他们多创造了 240 倍的数量。

我们几乎所有人都被教导, 要想在生活中出人头地, 就必须专攻。而且当你看到上面的别针工厂的例子, 这个说法就不足为奇了。在工业时代, 生产力是通过产出量来衡量的。对于那些仍在制造业工作的人来说, 这种模式仍然适用。

但是, 大多数人现在都在知识经济中工作, 生产力不是用数量来衡量的, 而是靠创造性的产出来衡量。产生创造性想法的最好方法之一就是学习和综合你的领域中其他人还不知道的有价值的技能和概念。

在知识经济中, 我们要跨越不同领域广泛地学习, 然后将你的见解应用到你的核心专业上。换句话说, 成为一个现代的博学的人, 这才能让你真正地出人头地。

专业化是工业经济的关键。在当前的知识经济中, 学习范围跨越至少三个领域, 并将知识整合为一组技能的、现代的、博学的人会成为行业中排名前 1% 的佼佼者, 从而获得竞争优势。

综上所述, 我们过去学习的方式已经不再适用于快速变化的知识经济。相反, 要记住下面的 "新事实"。

(1) 除了根据学科分类, 通过心智模型对知识进行分类也很重要, 而且通常也是有用的, 因为心智模型是构成和连接学科的基础。

(2) 大多数的学习都是在学校之外进行的。想想获得成功, 终身的、自我激励的学习比成绩和学位更重要。

(3) 专业化是工业经济的关键。在知识经济中, 学习范围至少跨越三个领域并将其知识整合为一组技能的博学的人将具有优势。

这就是为什么那些阅读和学习贪婪的人以及那些研究心智模型的人如此成功。这也解释了为什么世界上许多顶尖的 CEO、亿万富翁、科学家和成功人士似乎都有这些特点。

现在就做一个决定, 不要把你所有的时间都花在一个狭窄的领域上, 否则你会错过世界上其他地方发生的事情, 也会错失快速适应新发展的能力。相反, 投资你自己的终身教育。每周至少花 5 h 在你的领域之外探索, 学习你的同事还不知道的技能和概念, 学习心智模型, 它是所有领域的基础。训练自己成为一名自主学习、博学多才、对心智模型有深入了解的人, 这是通向现代知识经济成功的关键。

5.6 小　结

本章我们首先讨论了项目的六大来源, 这是项目的起因, 往往也包含着现实中需要解决的业务问题。通过对业务问题的分析, 软件需求分析师需要快速进入相关业务领域, 如金

融、教育、工业等，了解客户的真实业务需求。了解了业务需求后，软件需求分析师即可开始撰写软件需求分析第一个阶段性成果——项目愿景与范围文档。

> 　　由于软件需求分析师会跨领域工作，这就要求他们始终保持学习心态，坚持"百尺竿头，更进一步"的精神，不断熟悉未知领域的专业知识与业务工作。
> 　　"百尺竿头，更进一步"是一个成语，最早出自宋朝释道原《五灯会元·长沙景岑禅师》，比喻到了极高的境地，仍需继续努力，争取更高的进步。

5.7　习　题

1. 为什么要定义项目的愿景和范围？
2. 业务分析的过程是怎样的？
3. 业务过程分析对于系统解决方案的描述有什么作用？
4. 编写项目愿景与范围文档有什么作用？
5. 定义项目的愿景和范围时，如何能保证其范围定义是准确的？若不准确，则会产生哪些影响？

第5章　习题答案

第6章　需求获取

内容提要

　　需求获取是软件需求工程的核心活动之一。本章首先介绍需求获取的原则与通用的获取流程，然后分别列举传统与现代的需求获取方法，这些方法广泛地应用于需求获取过程。

学习目标

- 能规划：各种需求获取活动
- 能组织：访谈、研讨会、联合需求计划等需求获取活动
- 能执行：需求获取活动
- 能阐释：用户需求信息

6.1　原则与框架

需求获取直观上可以认为是进行需求收集活动，从各类涉众、文档资料及系统环境中收集各类需求。1990 年之前，软件开发组织习惯地只进行"需求分析"，获取活动只是分析活动之前的"小动作"。随着软件系统规模的不断膨胀，软件应用领域不断地拓宽到各个行业，深入各个角落，软件开发组织发现"需求分析"越来越难，总是在不断地返工，补缺查漏，工作好像没有尽头。经过许多不成功的"需求分析"后，软件开发组织最终发现问题的根结在于：需求分析之前的获取活动不充分、不深入。因此，1990 年之后，需求获取逐渐从需求分析中独立出来，成为软件需求工程中的核心活动之一。

6.1.1　贯穿获取始终的原则

在执行需求获取活动时，我们首先要认识到这是软件需求工程的核心活动（观念原则），随后要做到多听多反馈（执行原则），重点是要凝练业务流程（业务原则），强调用户任务（用户原则）。

需求获取除了收集各类需求，还要进行分析、提炼、定义各类需求。软件需求分析师需要对需求获取过程进行合理规划、控制、总结，以便高效得出各类需求。需求获取是整个软件需求工程中与涉众沟通最密集的活动，高效正确地获取需求是保证后续工作有序开展的基础。

理解用户，多听多反馈。用户是需求获取活动的信息输出方，软件需求分析师应该认真聆听用户的各种需求陈述，尽量理解用户的思维过程。对于活跃度低的用户，软件需求分析师还应引导用户表达需求。对于清楚的需求，要及时反馈自我的理解，达成共识；对于不清楚的需求，要及时反馈问题。

凝练业务流程，提炼主要逻辑。软件系统本质上是服务于使用软件的组织完成各项业务工作。在需求获取过程中，用户的陈述可能是片段式、跳跃式的，软件需求分析师应该从陈述中组合分析出主要业务流程及其中的业务处理逻辑。

聚焦主流业务，强调用户任务。对于用户提出的需求，软件需求分析师要仔细鉴别，过时的、无效的业务过程、规则都不应该被包含在新系统中。软件需求分析师要尽量使用业务词汇和用户交流，重要的或容易混淆的词汇应该使用词汇表管理；和用户讨论他们的业务操作任务，而不是讨论解决方案，更加需要注意避免引入用户界面。

6.1.2　通用的获取流程

第 2 章中阐述了软件需求工程包括需求获取、需求分析、（软件需求）规格说明及需求验证，这四个部分交织在一起。这个过程实际的操作方式更多的是前三个部分循环进行，有初步的成果后，再执行验证反馈，如图 6-1 所示。因此，通常在软件需求分析师获取了一些需求之后，马上分析并融入规格说明，自查后若有问题（有缺失的需求、有不清楚的需求、有矛盾的需求），则在下一次做需求获取时，与用户一起解决。

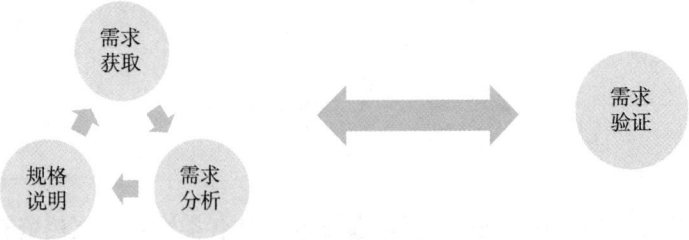

图 6-1　软件需求工程

具体到某一次需求获取活动，可分成需求获取准备阶段、需求获取执行阶段及需求获取后续阶段。在需求获取准备阶段，软件需求分析师要事先确定获取范围、日期及行程，准备软硬件资源，酝酿好相关问题；在需求获取执行阶段要和用户一起协助完成需求获取；在需求获取后续阶段要及时整理分享笔记、记录未解决的问题。需求获取过程如图 6-2 所示。

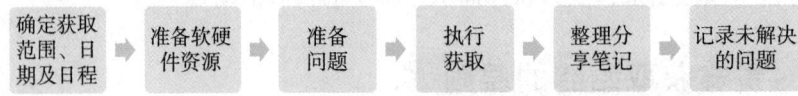

图 6-2　需求获取过程

6.2　传统需求获取方法

传统需求获取方法简单易行，但是在实际操作的过程中一些关键的点仍然需要合理把控，避免出现偏差。下面是常用的几种传统需求获取方法。

6.2.1　访　谈

访谈是使用最多的需求获取方法。在访谈准备阶段，首先要确定访谈的主题与对象。围绕访谈的主题，软件需求分析师应该事先通过互联网等渠道做充分的学习和了解，对于不理解的地方要及时记录下来，形成辅助问题列表。在对访谈的主题有了初步认识之后，要再次围绕主题以用户工作场景为背景，列出需要澄清确定的主要问题列表。

随后，软件需求分析师要与访谈对象确定访谈的具体时间，第一次联络他人的方法如下所示。

第一次联络他人的方法

　　与他人建立联络，特别是初次联络要选定合适的方式及时刻。现代通信方式有电话、邮件、即时通信软件等。例如，第一次和研究生导师联络，即使你有他/她的手机号，也不要直接打电话，最好是通过邮件的方式进行自我介绍与意图表示。在软件项目启动后，第一次联络某位用户则可以直接通过电话交流。建议打电话的时间是上午 9 点或下午 3 点。因为上午 8 点或下午 2 点用户刚开始工作，可能有亟待处理的业务或还未充分进入工作状态；上午 11 点或下午 5 点之后，用户可能急着下班，交流会比较匆忙。

和用户建立良好融洽的关系是访谈顺利进行的保证。软件需求分析师应该充分尊重用户，认识到在访谈的过程中用户是业务专家而自己是业务学习者，仔细聆听用户对具体业务操作的描述。同时，软件需求分析师要适时向用户提问，解决问题列表上的所有问题。

长时间的访谈容易使交流偏离主题，访谈主题的粒度设置过大（即包含内容较多）会导致长时间的访谈。软件需求分析师要合理设置主题，当意识到交流的主题有偏离的倾向时，要及时把谈话方向拉回到主题上。通常情况下，一次访谈的时间控制在1 h之内，最长不要超过2 h。

6.2.2　会　议

会议，也称为工作坊，是一种高效的需求获取方法。另外，对于用户需求（认识）之间的分歧，也可以通过会议的形式很好地解决。

与访谈一样，软件需求分析师在会议的准备阶段应该做好主题确定、背景学习、问题列表等事项。随后，软件需求分析师需要列出所有与会的用户，并向项目经理提出会议请求，由项目经理向对方管理者提出会议要求，由对方管理者通知各方与会人员。这是一个理想的会议通知流程，实际操作中视情况变通。

在正式开始会议时，第一项是建立基本的会议规则，具体包括为会议的所有成员设定角色：主持人、引导者、记录员、发言人等；向与会者简述会议主题、会议议程；设定交流规则，如轮流发言、问答对话等。

会议是最容易偏离主题的交流方式之一，一个例子如下所示，这个会议之后的交流主题被少儿培训主导了。进行会议时，会议的主持人一定要坚守会议范围，一旦有偏离要立即打断。因此，会议主持人一般设置为客户中的管理者，软件需求分析师在会前也要与其沟通并适当强调会议范围。

课程研讨会

提高程序设计课程的教学水平是大家的共识，为此，召开了研讨会。

甲老师：学生学好这个课程的关键我认为是要多练，自己动手。

乙老师：甲老师说得对，计算机专业的学生需要代码量。我教授这个课程时，发现学生不太主动，遇到问题就停下了，也不问。

丙老师：学生的差异也很大，我发现有的学生已经可以正确地写出快速排序了，有的学生却还不熟悉编程环境。

甲老师：这个课程的实践环节还是要加强，我小孩在兴趣班里人手一台机器，老师一边上课，他一边实现，学得很快。

丙老师：现在培训班很贵吧，你们在哪儿上？

……

即便会议涉及了非主题相关的重要需求问题，只需记录下来，并留待以后解决，会议应该在既定的主题下继续进行。会议应该采用时间盒式的讨论方法来提高效率。采用会议的方式获取需求，还应注意人数控制和人员选择。通常情况下，人员在10人以内，最多不要超

过15人的需求获取会议最好，与会人员最好涵盖实际业务操作的用户、有丰富业务知识的专家、能对不一致处给出决策的管理者。会议进行中，要做到人人发言，对不活跃的用户，软件需求分析师要有意引导他们表达观点。时间盒式的讨论方法介绍如下。

时间盒式的讨论方法

时间盒是一种管理方法，即在预算时间内对不能完成的任务进行删减或延迟，而不是拖延预算的时间，形象的比喻就是"后墙不倒"。

我们把会议可用的时间分成很多段，也就是一个个盒子。在这些盒子中，我们放入相应的讨论目标和任务，大家需要在这个给定的时间内尽全力去达成目标，并随时追踪其完成情况。如果截止时间快到了但预定的任务尚未完成，那么也不要犹豫，按照原定计划继续下一个盒子的目标和任务，这样才能保证时间盒内的所有任务最终都能被提上日程。

如果时间盒在第一次没有完成所有的任务，那么我们就需要开启新的时间盒（在下一次会议或另安排访谈），每一次各项任务的时间精力投入占比，可以根据实际情况调整；不重要的任务可以安排到下一个时间盒，或者再下一个时间盒中去。这样的思路可以防止任务持续拖延，保持个人和团队精力高度聚焦于核心任务及产出。

6.2.3　焦点小组

焦点小组是会议需求获取的一种高效形式，也可以认为是通过会议实施一对多的访谈。之所以强调焦点，是因为焦点小组集中在一个或一类主题，并且是对同一类涉众的多个用户，采用结构化方式揭示他们的经验、感受、态度，并努力呈现其背后的需求。

焦点小组访谈包含一名主持人及多位平等的发言者。主持人引导整场访谈，引导被访谈者就一些事先拟定的话题展开自由讨论，保证每一位访谈者都能充分发表自己的看法。访谈过程中的谈话通过录音笔或其他设备记录下来。可以依次执行以下步骤，实施焦点小组访谈。

（1）向被访谈者描述此次访谈目的。例如：今天我们邀请到各位，是请大家和我们聊聊您是如何用旧系统报销费用的，以便我们更好地改进产品。

（2）主持人介绍自己的名字、工作内容，以及让对方如何称呼自己。例如：大家好，我是×××，是×××公司的软件需求分析师；我平时主要收集和您一样的用户的建议，并且沟通如何更好满足大家需求，设计出更好的产品；您可以叫我×××。

（3）被访者自我介绍。这个环节是主持人轮流邀请被访谈者简单介绍自己，是初步建立合作关系的基础。

（4）为保证访谈顺利有效地进行，主持人描述访谈规则。例如：表达真实想法；没有对错之分；访谈过程要围绕一定的问题展开；当问题抛出后依次回答；当和对方意见不同需要补充自己的想法时，等对方表达完再发言；时间控制。

（5）话题导入。话题导入的主要目的是让被访谈者进入整个氛围，话题导入时，主持人要让被访谈者感受到焦点小组访谈是一次自由轻松的过程。当研究主题和平时日常生活有关系时，可以寻找一个切入的角度。例如：主题与报销相关时，可以从公司为员工创造的各种可报销事项、福利制度聊起。话题导入是开始正式问题之前的重要环节。

（6）通过问题，正式访谈。先询问一般性问题，如用户使用产品的背景、习惯方式等。针对问题根据具体内容展开探索，一般性问题结束后进入结构化深入问题。事先备好便签，必要时请用户简单作答，收集信息。

（7）当焦点小组讨论完成之后，主持人应该做总结回顾，回归主题，并致谢各位与会者。

6.2.4　观　察

调查研究是典型的了解问题的方法。为了获取需求，可以通过观察重要业务流程、用户工作步骤等方式进行。观察要事先征得用户同意，在观察过程中要进行记录，观察过程期间及事后可以和用户适时交流，提问、提改进等。

下面是观察某大厨制作四川名菜"鱼香肉丝"的过程。

鱼香肉丝的制作过程

大厨首先准备里脊肉 300 克、胡萝卜 1 根、泡发木耳 100 克、青椒 2 个、小葱 5 根，切丝备用。把里脊肉丝放到碗中，放入 2 个姜片，加入料酒 1 勺、耗油 1 勺、油 1 勺、淀粉 1 勺、盐 1 小勺，抓匀腌制备用。大厨接着调制了鱼香汁：香醋 4 勺、糖 3 勺、生抽 2 勺、淀粉 1 勺，搅拌均匀。

准备工作完成后，大厨点火热锅，放入油 1 勺；油热后，下肉丝煸炒至变色；再加入 1 勺豆瓣酱炒匀；放入胡萝卜丝、木耳丝、青椒丝、干辣椒翻炒几下；倒入鱼香汁，翻炒均匀；出香后，放入小葱段，出锅。

6.2.5　问卷调查

对于地理上比较分散的用户（如分布在不同区域的集团分公司）和没有具体用户的商业化产品（如通用的 APP），采用问卷调查获取需求是一个比较好的办法。

与其他需求获取方法一样，首先要确定需求的主题，然后围绕主题列出问题。问卷调查最大的挑战是设计合适的问卷。四个设计原则是：可问可不问的坚决不问；无关主题的不问；善用创造性的设计问题；循序渐进、版块化的设计结构。

在实际设计中，可以采用 5W2H 提问法。这种提问法涉及原因（Why）、事件（What）、人物（Who）、时间（When）、地点（Where）、怎么做（How）、有多少（How much）这七个方面。表 6-1 给出了一个示例。

表 6-1　系统使用情况调查问题示例

条目	示例
原因	贵单位为什么要引入这个系统
事件	这个系统计划未来用在什么业务中
人物	您在单位里的岗位
时间	这个系统在什么时候使用，前置、后置事件是什么

续表

条目	示例
地点	在什么设备和什么地点使用此系统
怎么做	您最想系统完成的是哪些业务步骤
有多少	这些业务步骤的使用频率有多少

6.2.6 文档分析

文档分析需求获取方法是指从组织现有的文档资料、会议记录、办公自动化（Office Automation，OA）发文等一切有价值的文档中挖掘需求。这种方法的优势是成本低，信息质量高，而且耗时小。但不足之处也明显，其比较受限于资料的完整程度，并且收集到的只是信息，需要进一步分析。

企业发展、组织目标、岗位工作和人员信息等方面的资料，比较容易搜集且内容较多。因此，在收集后，一般利用表格工具进行提炼归纳，然后让专家进行评估筛选。

在进行文档收集时，旧系统的开发文档，如项目愿景与范围文档、用户需求文档、软件需求规格说明、系统使用说明书及竞争产品的用户使用说明等是具有价值的参考资料，从这些文档中可以挖掘出高价值的需求信息。

通常的需求获取方法应用顺序是，先通过文档分析了解对方组织的基本信息，再使用问卷调查收集用户信息，最后通过访谈、会议等执行具体需求的获取。

6.3 现代需求获取方法

现代需求获取方法通常花费较大，但是获取的需求信息量也比较大。下面是常用的几种现代需求获取方法。

6.3.1 原型法

在一些场景中，一种常见的现象是用户自己不能清楚地描述出需求，可能的原因：在这些场景中有一些默认知识，用户习以为常，但软件需求分析师不知道所以不能理解；用户操作的业务步骤过于复杂，分支众多，不能全面描述；受限于用户表达能力，软件需求分析师理解能力有限。

此时，软件需求分析师可以采用原型法进行需求获取。采用原型法有三个益处：原型可以激发用户思考；原型可以澄清模糊的需求；评论（比创造）更容易执行。

原型是对提议新产品的部分、可能、初步的（模拟）实现。当需求不明确、不完整时，可以使用原型来明确、完善、验证需求；当对设计方案的可行性有疑惑时，可以使用原型探究设计方案；还有一种原型可以直接演变成成品的部分系统。

可以从多个侧面对原型进行分类。原型可以分为实物模型与概念原型，前者重点关注用

户体验，后者用来探究提议方式方法的技术和可行性。原型还可以分为一次性原型与演化型
原型，前者产生反馈信息后会被抛弃，后者通过一系列迭代发展成为最终产品。在形式上，
原型可以是画在纸上、白板上或画图工具中的草图，也可以是最终软件产品的部分实现。在
结构上，水平型原型描述软件的一个完整的层面，垂直型原型描述软件的一个完整的子部
分，如图 6-3 所示。

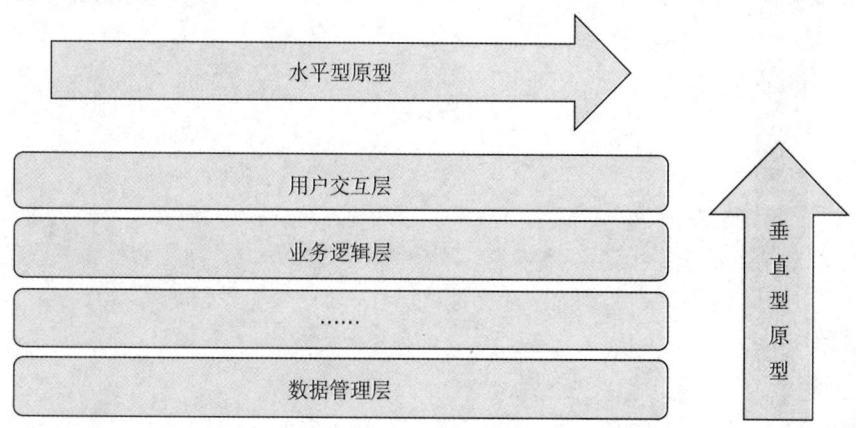

图 6-3　水平型与垂直型原型

　　软件需求分析师可以采用图 6-4 所示的原型使用方法，对于以增量方式构建的产品，
可以不断构建演化原型，采用搭积木的方式构建产品。例如，UNIX 就是典型的以增量方式
构建的操作系统，最开始构建了中央处理器（Central Processing Unit，CPU）与内存管理，
然后增加文件、网络等功能。在设计用户界面（User Interface，UI）时，采用图纸、画板或
拖拽式快速界面工具立即生成用户界面，如图 6-5 所示的手绘 APP 原型。在用户确认后，
最终产品按此界面重新编码即可。例如，可以先用 Python 快速生成界面，按用户要求调整
确认后，再用 Java 做系统及真实界面开发。在设计软件架构时，部分架构可以采用垂直型
原型构建，以验证各方面的可行性。

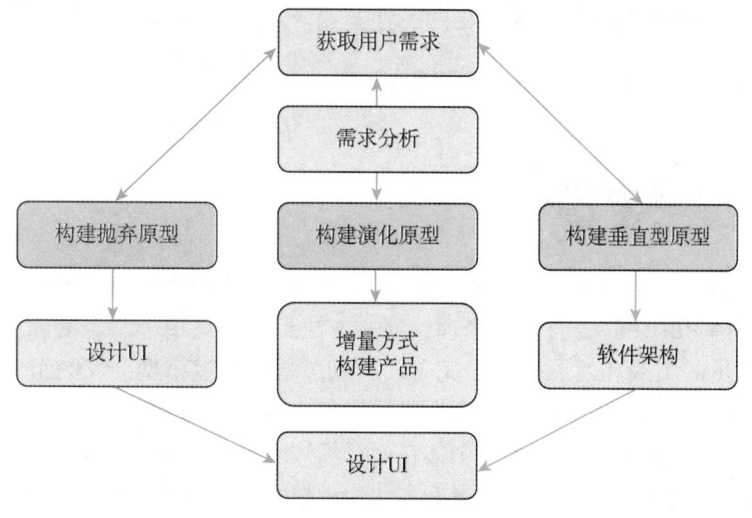

图 6-4　原型使用方法

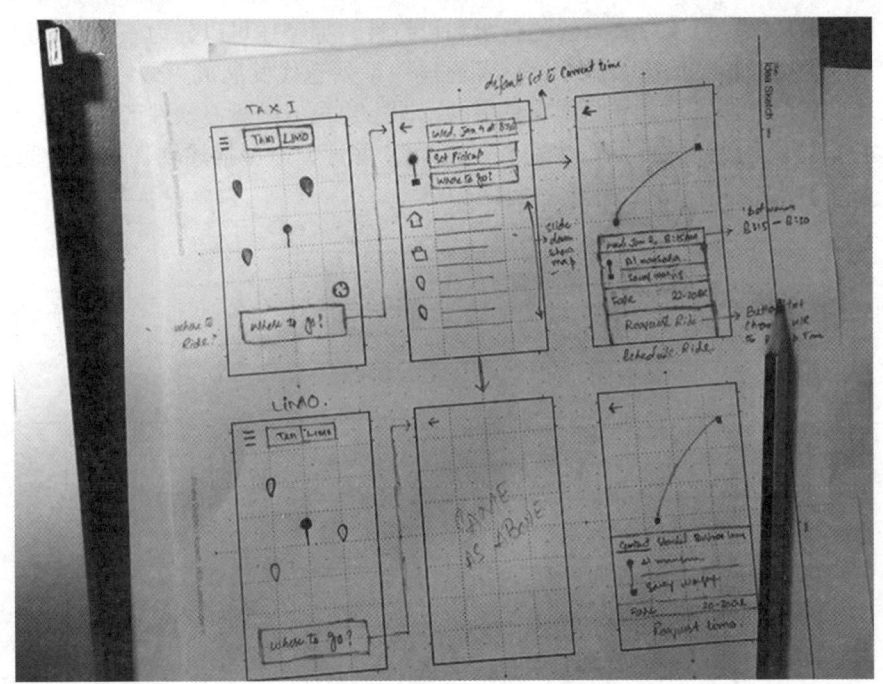

图 6-5　手绘 APP 原型

使用原型时需要注意开发进度。一开始要规划好使用原型的类型，以及原型的构建时间。同时，把握住原型（特别是一次性原型）激发思考、澄清需求、引发评论这三个主旨，避免过早陷入设计细节，投入过多，原型旨在引导用户"观其大略"。下面是诸葛亮"观其大略"的故事。

观其大略

《魏略》记载：孔明在荆州，与石广元、徐元直、孟公威俱游学，三人务于精熟，而亮独观其大略。亮谓三人曰："卿三人仕进可至刺史、郡守也。"三人问其所至，亮但笑而不言。后来，石广元等三人果然只做了刺史、郡守级别的官员，而诸葛亮则官拜丞相、位级人臣。

6.3.2　头脑风暴

头脑风暴是由 Alex F. Osborn（亚历克斯·奥斯本）于 1939 年提出的一种创造性方法。当时奥斯本是美国 BBDO 广告公司的经理，这一方法最初也只用于广告的创意设计，后经各国学者和管理人员的实践和发展而逐步完善。头脑风暴是通过小型会议的组织形式，让所有参加者在自由愉快、畅所欲言的气氛中诱发集体智慧，相互启发灵感，最终产生创造性思维的决策方法。提出头脑风暴的目的在于使个体在面对具体问题时能够从自我和他人的求全责备中释放出来，从而产生尽可能多的想法。奥斯本认为设想的数量越多，就越有可能获得解决问题的有效方法。

这种方法可分为直接头脑风暴和质疑头脑风暴。前者是在专家群体决策中尽可能激发创造性，产生尽可能多的设想的方法；后者则是对前者提出的设想、方案逐一质疑，分析其现实可行性的方法。与其他需求获取方法类似，执行头脑风暴前首先要明确主题，会议主题应提前通报给与会人员，让与会者有一定准备；其次，要选好主持人，主持人要熟悉并掌握头脑风暴的要点和操作要素，摸清主题现状和发展趋势；最后，参与者要有一定的训练基础，了解头脑风暴的使用原则。这些原则如表 6-2 所示。

表 6-2　头脑风暴的使用原则

序号	原则
1	禁止批评和评论，也不要自谦，对别人提出的任何想法都不能批判、不得阻拦
2	目标集中，追求设想数量，越多越好，会议以谋取设想的数量为目标
3	鼓励巧妙地利用和改善他人的设想。每个与会者都要从他人的设想中激励自己，从中得到启示，或者补充他人的设想，或者将他人的若干设想综合起来提出新的设想等
4	与会人员一律平等，各种设想全部被记录下来
5	主张独立思考，不允许私下交谈，以免干扰别人思维
6	提倡自由发言，畅所欲言，任意思考
7	不强调个人的成绩，应以小组的整体利益为重，注意和理解别人的贡献，人人创造民主环境，不以多数人的意见阻碍个人新的观点的产生，激发个人追求更多更好的主意

实施头脑风暴包含三个阶段。首先，会前准备阶段执行参与人、主持人和主题任务三落实，必要时可进行柔性训练。其次，设想开发阶段由主持人公布会议主题并介绍与主题相关的情况；其他人员突破思维惯性，大胆进行联想；主持人控制好时间，力争在有限的时间内获得尽可能多的创意性设想。最后，对设想进行分类与整理：一般分为实用型和幻想型两类。对实用型设想，通过讨论进行二次开发，进一步扩大设想的实现范围。对幻想型设想，拓展与实际的联系渠道，就有可能将创意的萌芽转化为成熟的实用型设想。

将头脑风暴的方法应用于需求获取，在分类整理阶段，可以挖掘用户深层次的需求，特别是需求背后的需求，具体示例如下。

需求背后的需求

三岁的 Benjamin（本杰明）半夜醒后表示要吃饼干。母亲 Eva（艾瓦）哄他继续睡觉无效后，发现家里的饼干吃完了，回房间告诉本杰明已无饼干。本杰明一直坚持要吃饼干，把父亲 Alex（亚历克斯）吵醒后，亚历克斯从冰箱取出一块蛋糕，本杰明拿起蛋糕吃完后，继续睡着了。

本杰明对饼干的需求，其背后的原因是饥饿。这就是需求背后的需求。

6.3.3　联合需求计划

联合需求计划（Joint Requirement Planning）通过高度组织的群体会议来分析企业内的问题并获取需求。

联合需求计划是一个相对来说成本较高的获取需求方法，但是它也是十分有效的一种方法。联合需求计划通过关联关键用户代表、系统分析师、开发团队一起来讨论业务需求，一般会议的组成人数为 6~18 人，召开时间为 1~5 h。

联合需求计划的执行步骤如下。首先，花费时间让所有参与者彼此之间相互了解，这样可以创建一个良好气氛，有利于开展会议，在会议初期应该针对所列举的问题进行逐项专题讨论。然后，会议中对现有系统和类似系统的不足进行开放性的交流，此阶段的交流不对任何想法做出任何评价。再后，在此基础上提出解决问题的方案并进行记录。最后，对记录的解决方案和问题进行优先级排序并进行联合评审。

这种方法有如下执行原则。在实施之前，应制定详细的会议议程，并严格遵照议程执行；按既定的时间进行安排（假如会议有临时变动应及时通知会议相关人员）；尽量完整记录会议期间的内容；在谈论期间尽量避免使用专业术语；充分运用解决冲突的技能；会议期间应设置充分的间歇时间；鼓励团队取得一致意见；保证参与的所有人员能够遵守实现约定的规则。

在实际应用中，上述各种需求获取方法适用于不同的场景，可以联合使用。表 6-3 给出了在不同场景下建议使用的需求获取方法。

表 6-3　建议使用的需求获取方法

软件类型	需求获取方法								
	访谈	会议	焦点小组	观察	问卷调查	文档分析	原型法	头脑风暴	联合需求计划
市场软件	√		√		√		√	√	√
内部软件	√	√	√	√		√	√		
替代软件	√	√		√		√	√		√
增加功能	√	√				√	√		
应用软件	√	√						√	√
软件包	√	√		√		√			

6.4　以民为本

作为中华优秀传统文化的精髓，"民本思想"早在古代国家政治制度产生之初即已产生。《尚书·五子之歌》中即有"民惟邦本，本固邦宁"的记载。《孟子·尽心》中指出："民为贵，社稷次之，君为轻。"

北宋时期苏轼（如图 6-6 所示）是大家熟知的文学家、书法家、美食家、画家。同时，他也是生根于民、以民为本、"享天下之利者，任天下之患；居天下之乐者，同天下之忧"的践行者。

1. 体察民情，关注民怨

仁宗嘉祐六年（1061 年），24 岁的苏轼出任凤翔府大理寺评事签书凤翔府节度判官厅公事，即"签判"，协助司法

图 6-6　苏轼画像

长官"掌助理郡政，总领诸案文移"，是一名管理司法文书的"从八品上"低级官僚。

凤翔府是关中咽喉，临近西夏边界，位置十分重要。苏轼来此任职，虽非地方长官，无权决策，但他兢兢业业，认真处理每一件涉诉事务，努力为民众解决困难。政府规定民众必须承担的一项徭役是前往终南山和秦岭伐木，顺黄河水使木材漂到汴京，用于朝廷建设。但黄河中途三门峡等险峻地段，人力不及，且不时会有洪水冲击等，导致大量木材丢失，不能按预期运达汴京口岸，伐木和运木的民众必须赔款甚至被拘坐牢。本来是官府向民众摊派的无偿劳动，已经变成民怨沸腾的苛政、暴政。苏轼从大量判决案例中发现这一严重问题，愤然上书，吁请由地方官员负责，统一规避洪水期，选择合适时间伐木、运木，防止木材损耗，减轻民众负担，杜绝冤狱发生。

英宗治平二年（1065年），28岁的苏轼调任京都判登闻鼓院，掌管受理"击鼓鸣冤"的官民申诉，接受章奏表疏，从六品。这期间，他更多地从民众申冤的状纸和案情中体察到百姓冤屈，如切肤之痛。后父亲苏洵病逝，苏轼、苏辙兄弟扶柩返回眉州守孝，"丁忧三年"，这期间接触了大量基层百姓贫困、劳役、疾病、冤案等真实情况。通过凤翔、京都两地案例审判等基层司法实践活动，以及开封至眉州等地坊间巡察，年轻的苏轼深深体会到农户不易，民众怨情、百姓呼声，入心入耳，感同身受，为他一生关注民生、为民请命、"割爱为民"奠定了思想和感情的基础。

2. 为官一任，造福一方

苏轼一生，曾任三部尚书、八州太守，两度自请"外放"，情愿"知州军州事"而远离朝纲。八处州郡执政，无一不留下丰富感人、千年传颂的为民佳话。

元祐七年（1092年）二月，苏轼离开颍州，以龙图阁学士知扬州军州事。元祐四年，蔡京就任扬州知府时，曾效仿洛阳牡丹万花会，首办扬州芍药万花会，俨然一大政绩。南宋词人刘克庄在《贺新郎·客赠芍药》一词中曾描绘扬州的芍药花会："一梦扬州事。画堂深、金瓶万朵，元戎高会。座上祥云层层起，不减洛中姚魏。"蔡京离开扬州后，高升户部尚书，后官拜右仆射兼门下侍郎（右相），此时风头正劲。蔡京后任王存于扬州，于元祐六年四月继续举办一年一度的万花会。元祐七年苏轼到任，王存调离扬州，召为吏部尚书。苏轼也是爱花人，对扬州芍药早有赞美诗句。他的《赵昌四季芍药》流传甚广："倚竹佳人翠袖长，天寒犹著薄罗裳。扬州近日红千叶，自是风流时世妆。"苏轼到任时，扬州通判晁补之正筹备循旧例举办本年度的万花会。苏轼广行田野，察访民情，得知官府的陈年积欠逼得百姓苦不堪言，最为痛恨之事首为芍药万花会，劳民伤财，衙吏作奸。他在《东坡志林》中记载："蔡繁卿为守，始作万花会，用花千余万枝，既残诸园，又吏因缘为奸，民大病之。余始至，问民疾苦，以此为首，遂罢之。"苏轼甚至不惜连洛阳的事情也一并声讨："万花会，本洛阳故事，而人效之，以一笑乐为穷民之害。"晁补之是"苏门四学士"之一，敬重恩师，但担心取消了蔡相创办的一年一度万花会，京都责难，百姓不解。苏轼专写一文《以乐害民》，痛责"以一笑乐为穷民之害"的行为，解释取消万花会的原因，扬州百姓欢天喜地。事后，苏轼还向好友王定国致信畅表心声："花会检旧案，用花千万朵，吏缘为奸，扬州大害，已罢之矣。"苏轼十分畅快地说道："虽杀风景，免造业也。"（张邦基《墨庄漫录》）当然，苏轼"免造业"之举得罪蔡京，为后来遭一贬再贬，留下祸根。

苏轼到任扬州，只身私访，"每屏去吏卒，亲入村落访问"。百姓诉苦："丰年不如凶年。天灾流行，民虽乏食，缩衣节口，犹可以生；若丰年举催积欠，胥徒在门，枷棒在身，则人户求死不得。"两浙等地百姓为历年"拖欠"官府债务，被追缴催欠，民不聊生，冤死无数。元祐七年五月十六日，苏轼上书近 5 000 字《论积欠六事并乞检会应诏所论四事一处行下状》，直言不讳，痛陈朝廷执政八年"而帑廪日益困，农民日益贫，商贾不行，水旱相继，以上圣之资，而无善人之效，臣窃痛之"。他说："臣顷知杭州，又知颍州，今知扬州，亲见两浙、京西、淮南三路之民，皆为积欠所压，日就穷蹙，死亡过半。""臣闻之孔子曰：'苛政猛于虎。'昔常不信其言，以今观之，殆有甚者。水旱杀人，百倍于虎，而人畏催欠，乃甚于水旱。臣窃度之，每州催欠吏卒不下五百人，以天下言之，是常有二十余万虎狼，散在民间，百姓何由安生，朝廷仁政何由得成乎？"痛斥催欠的官吏为"二十余万虎狼，散在民间"，表达了对弊政的深恶痛绝。

时隔一月，不见朝廷回音，已到夏日，扬州一带又逢瘟疫，顷刻蔓延，死人众多，官府吏卒仍催逼"积欠"。六月十六日，苏轼写《再论积欠六事四事札子》呈上，历数百姓大灾悲惨："臣访闻浙西饥疫大作，苏、湖、秀三州，人死过半，虽积水稍退，露出泥田，然皆无土可作田塍，有田无人，有人无粮，有粮无种，有种无牛，饿死之余，人如鬼腊。"苏轼痛恨官府不施仁政，"只为朝廷惜钱，不为君父惜民"。他呼吁暂停催欠："应淮南东西、浙西诸般欠负不问新旧，有无官本，并特与权住催理一年。"至七月，终于得到皇帝同意："不论新旧各种积欠，一律宽免一年。"消息传来，扬州百姓奔走相告，喜形于色。苏轼"不胜拳拳孤忠，昧死一言"，为民请命，近千年来，誉满江浙。

3. 同天下忧，割爱为民

苏轼始终坚持"失民而得财，明者不为"（《上文侍中论榷盐书》《苏轼集》卷七十三，书十首）的理念，强调维护百姓权益，官府不能与民争利。

熙宁三年（1070 年）十二月，宋神宗赵顼为使太后、皇后元宵节看灯高兴，颁旨"减价买浙灯四千余枝"，半价尽收，禁止私卖。时任通判职事直都厅监官告院的苏轼，年仅 33 岁，是从七品的芝麻小官，本职是掌管朝廷文武官员、将校告身文书和封赠事务，与浙灯事毫不相干。但他写了长达 1 200 余字的《谏买浙灯状》，上书皇帝，言辞恳切，晓以利害，有理有力有措施。他说，百姓不知原因，都会说这是为满足耳目快乐，堵了百姓生存之道。"此事至小，体则甚大，愿追还前命。"苏轼认为，"卖灯之民，例非豪户，举债出息，畜之弥年。衣食之计，望此旬日。陛下为民父母，唯可添价贵买，岂可减价贱酬？"他质问，朝廷所以减价买灯，不是存心与小民争此毫末之利吗？他强烈呼吁要"深计远虑，割爱为民"。神宗即令取消买灯之事。倾听民意，敬畏民心，为民谋利，趋利避害，这是苏轼的理论，也是他的实践。

元丰八年（1085 年），苏轼刚从黄州贬谪阴影中走出来，以朝奉郎知登州（今山东蓬莱），到任仅 5 天时间，即奉旨调回京都，出任礼部郎中、起居舍人。

仅此 5 天，他已了解到登莱两州百姓，深受官盐之苦，"咫尺大海，而令顿食贵盐，深山穷谷，遂至食淡"。登州莱州，均临渤海，盛产海盐。但朝廷规定食盐官卖，灶户晒盐，官家以低价收、高价卖。"官买价贱，比之灶户卖与百姓，三不及一，灶户失业，渐以逃亡"。遂上书《乞罢登莱榷盐状》，强烈呼吁："民受三害，决可废罢。"他吁请"罢登莱两州榷盐，依旧令灶户卖与百姓，官收盐税"。哲宗皇帝准其所奏。苏轼为登莱两州百姓争取到不食官盐的特殊盐业政策，历代承袭，直至清朝。后人建苏公祠（如图 6-7 所示），并盛赞"五日登州府，千年苏公祠"。

图 6-7　苏公祠

4. 水利与民，直言上书

元祐四年（1089 年），苏轼任龙图阁学士、知杭州。

杭州，早在吴越时代，沿海就筑有长墙，防止海潮进入运河，以免海水污染淡水。但是长墙年久失修，城内运河在钱塘湾混合，有很多淤泥，每五年就要清除一次，由河床挖出的淤泥就堆在岸边居民住家的门前，疏浚费用昂贵。

更坏的是交通情形，一只船要走好几天才能走出城去。船要用人和牛拉，而运河上的交通混乱不堪。苏轼向专家请教，制订了一项计划，以防止淤泥沉淀，使城内的水自身保持清洁。这样就节省了每年的疏浚费，河边居民的生活环境也有改善。

这项计划包含三项措施：在钱塘江南部建水闸，海水涨潮时关闭，落潮时打开放水，能减少淤泥；让海水流经人烟稀少的城东郊区再进入茅山运河，这样海水里的淤泥已经被清除很大一部分；盐桥河的水面比另一条水面低四尺，如此经过十余里，泥沙已经沉淀下来。为保持城内运河水位，又在城北余杭门外开了一条新运河与西湖相通。

这项计划使运河水深八尺，城中父老说，那是前所未有的。与此同时，城中有六个水库。想把山中泉水汇聚到西湖淡水中，但是淡水干线管道常常损坏，十八年前苏轼做通判的时候就曾帮助修理管道。山泉的输水管被破坏，只能喝咸味的水，或者买西湖的水，一文钱买一桶。而且西湖水底有一种缠绕蔓生的植物，使河床越来越高。

为了解决这两个问题，方便居民饮水，苏轼先用大竹管输水，后又用坚固的胶泥烧制的陶瓦光子代替，上下用石板保护。又把湖水引到北郊两个新水库，因是军事统领，派以一千兵参与此事，做工又快又好。

西湖蔓草丛生，湖面日趋缩小，白居易时期西湖水灌溉良田的工程全已毁坏。从工程方面看只是单纯的清除水草，其实关乎民生，在苏轼上表拨款的奏章中说明，这样下去杭州城将失去淡水供应，鱼类减少，影响百姓饮水、良田灌溉问题。而且西湖水还支撑着不少的酿酒行业，进而朝廷的税收都会受到影响。最终苏轼得到了朝廷的支持。

但是，堆积如山的水草和淤泥怎么处理呢？那时湖滨全是富商的庭院别墅，由南岸走到北岸必须绕行四五里之远。苏轼计上心来，利用淤泥水草，在西湖建造长堤，供百姓行走，在长堤之上设计美景，终成"苏堤春晓"（如图6-8所示）佳话。为了使湖中野草不再过度滋生，苏轼让百姓在沿岸种植菱角，这样农人必须按时除草保护菱角，菱角的纳税收入又被用于维护西湖。

图6-8　苏堤春晓

5. 稳健改革，实事求是

苏轼入朝不久，即逢王安石变法，以支持与反对为营，党争甚烈。双方关于改革的初衷与目的大致相同，即充实财政、富国强兵，但在改革的路径、方案与步骤上分歧严重。如"青苗法"和"保马法"等，缺乏充分论证，不考虑各地和各类农户的实际情况，急于求成，犯了"一刀切"的错误，中下层官僚浑水摸鱼，中饱私囊，百姓利益严重受损，甚至雪上加霜，"变法"变为苛政。

"青苗法"本是为解决夏秋两收前青黄不接之时，州县民户为生存不得不借高利贷而形成的危难困境，百姓可到当地官府借贷现钱或粮谷，以助耕作，度过饥荒，夏秋收后，归还本息。但其很快演变为地方官府强令放贷、加收高息的借口，百姓怨声载道。熙宁四年（1071年），34岁的苏轼，本是朝廷所在京都地方一名七品"推官"，主管开封府法院案件初审，但他为民疾呼，写近9 000字的《上神宗皇帝书》："惟当披露腹心，捐弃肝脑，尽力所至，不知其他。"他向皇帝讲事实、摆法理："所恃者，人心而已。"时隔一月，不见政令调整，他写近2 000字的《再上皇帝书》"谨昧万死再拜上书皇帝陛下"，进而向皇帝论危害、讲后果："臣以为此法，譬之医者之用毒药，以人之死生，试其未效之方。""今日之政，小用则小败，大用则大败，若力行而不已，则乱亡随之。臣非敢过为危论，以耸动陛下也。"他总结历史规律以引起皇帝重视："自古存亡之所寄者，四人而已，一曰民，二曰军，三曰吏，四曰士，此四人者一失其心，则足以生变。今陛下一举而兼犯之。"民生在系，民怨在心，年轻的苏轼对这次失民心、乱法纪、动朝纲的激烈变法，一再劝停，极力阻止，不遗余力，但恨不能力挽狂澜。苏轼遂自请外放，任七品杭州通判，到地方州府为百姓办实事。十四年后，神宗皇帝赵顼去世，人亡政息，变法以失败告终。

6. 根除陋俗，抚育新生

苏轼被贬到黄州之后，了解到黄州有"溺婴"的陋俗，"岳鄂间田野小人，例只养二男一女，过此辄杀之，尤讳养女，以故民间少女，多鳏夫。初生，辄以冷水浸杀，其父母亦不忍，率常闭目背面，以手按之水盆中，咿嘤良久乃死。"（《与朱鄂州书》）苏轼"闻之酸辛，为食不下"，立即驰书鄂州太守，希望官府用法律手段严格禁止这一陋俗，从而保障黄州等地新生儿的生命安全。

在救助弃婴上，苏轼不但仗义执言，给地方官员献计献策，还以身作则，身体力行。他在上书鄂州太守的同时，又成立了一个"救儿会"，请慈悲、正直的邻居谷某担任会长，让一个和尚当会计。"救儿会"动员富人捐钱，用来买米、买布、买棉被；还到各乡村调查贫苦的孕妇，她们若应允养育婴儿，不再抛弃，便赠予金钱、食物、衣裳等。他自己虽然囊中羞涩，也给"救儿会"捐了十缗钱。他说，如果一年能救一百个婴儿，便是一件大喜事。

在苏轼和当地官员的共同努力下，黄州的溺婴之风得到根除。在黄州，苏轼还写下了《前赤壁赋》（如图6-9所示）等佳作。

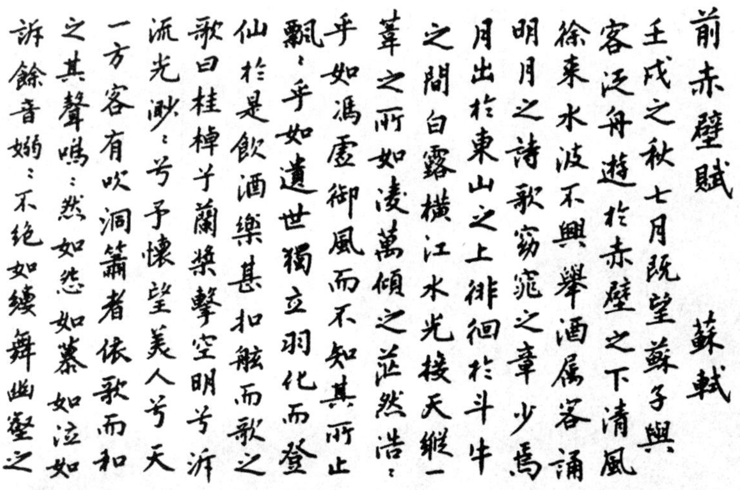

图6-9　《前赤壁赋》

7. 入乡随俗，亲领善友

1093年，苏轼57岁，也迎来了人生中最凄苦伤心的时期，他被流放岭南惠州。

在惠州，他对朝廷高层政治固然已经绝望，可是对邻人和当地百姓的福利，他还是视为己任。他担心重建衙门，官方又会趁机剥削，征用民间物资、民工，建议当地政府公开购买；他看到当地居民运谷子纳税，但因为丰收谷价下跌，政府要求现款，导致农民压力大增，他向官员写长信呈请；他过去一贯喜爱建筑，在当地参与建了两座桥方便居民生活贸易；惠州有许多无主野坟，那些死者不是平民就是兵卒，他重建一大冢埋葬之。

苏轼已经失去权利地位，在惠州，他的事也就是邻居翟秀才和林太太的事。这位林太太是酿酒的，总是赊给他酒喝。他的朋友是道士、和尚、农人，在学者、太守、县令中他依然名声极好。

广州常被瘟疫侵害，饮水有问题，疾病也容易流行。他与道士计划引泉水进城。水管用大竹管做，这种材料广东东部很多，在山泉所在地建石头水库，竹管接口处用麻绳缚紧，外面涂上厚漆，防止漏水，每段竹管开一个小口，方便检查堵塞。他还建议当地太守建立公立医院。

1097年，苏轼61岁，继续被贬往海南。但是海南大部分是黎人，少有汉人。他不知道还要流放多久，还有没有机会回到内地。

岛内黎族与汉人相处并不融洽。本地人不能读书写字，他们懒于耕种，以打猎为生。岛内居民十分迷信，请术士看病，治病的方法就是祷告、杀牛祭神。尽管风俗难改，苏轼还是试图改变这种迷信。

海南岛的气候并不适合一个60多岁的老人，苏轼曾说："此间食无肉，病无药，居无室，出无友，冬无炭，夏无寒泉，然亦未易悉数，大率皆无耳。惟有一幸，无甚瘴也。"苏轼（又称苏东坡）还曾对他弟弟说："我上可以陪玉皇大帝，下可以陪卑田院乞儿。在我眼中天下没有一个不是好人。"

他在这里遛狗，每天拜访邻人，与各色各样的人闲谈。他能让自己每日都过得有意思，每天都活在当下。制墨、酿酒、烹饪美食、注书，苏轼从没让自己闲着。他在海南期间注完了《尚书》，作为诗人也绝对是高产的，其文学上的遗产惠及千秋万代。如今，人们在海南大学树立了东坡石像（如图6-10所示）以示纪念。

图6-10　东坡石像（海南大学）

6.5　小　结

本章介绍了各种需求获取方法。在实际工作中，我们要综合应用这些需求获取方法，多角度、多维度地进行用户需求获取。

在实际工作中，应该重视"人"的因素在需求获取工作中的重要作用，要始终牢记：客户参与是需求获取工作成功的必要条件。

6.6　习　题

1. 需求获取为什么是困难的？

2. 需求获取的内容是什么？

3. 需求获取有哪些可能的来源？

4. 需求获取的常见方法有哪些？

5. 展开用户需求获取时，有哪些注意事项？

第6章　习题答案

6. 列出需求获取之访谈方法的步骤。

7. 比较访谈和群体访谈，两者有何异同？它们在哪些方面有着根本的区别？为什么群体访谈可以加速软件开发？

8. 比较问卷调查、头脑风暴和访谈，它们各自的适用情境是什么？

第 7 章　用户需求

内容提要

　　按照第 5 章介绍的方法厘清业务事件与业务报表之后，软件需求分析师需要整理出主要的业务流程，然后对流程中的每个业务活动，采用第 6 章介绍的技术对涉众进行需求获取，完成用户需求。

学习目标

- 能解释：以用户/使用为中心的需求获取方法
- 能分解：业务的各个部分，形成用例图
- 能开发：用例图中的使用场景
- 能讨论：使用场景（与用户）

7.1　以用户/使用为中心

　　用户需求属于中间层次的需求，位于为项目设定目标的业务需求和描述开发人员必须实现的功能需求之间。

　　在软件项目之初，项目团队的关注点至关重要。有些团队选择以产品为中心的方法。他们关注定义软件的特性实现，希望用这些特性吸引潜在客户。随着软件需求工程科学的发展及不断的实践总结，越来越多的团队开始转向"以用户为中心"和"以使用为中心"（简称以用户/使用为中心）的需求获取方式。这两种方式关注用户及其预期用途，避免实现那些无人使用的特性。这两种方式最常用的用户需求探索技术是用例法及用户故事方法。

　　用例法和用户故事方法描述用户需要使用系统执行的任务，或者是能为干系人带来价值的"用户-系统"交互。这两种方法指引软件需求分析师获取必要的功能以便实现上述的使用场景。"以用户/使用为中心"的获取策略会让软件需求分析师更近距离地触及用户的需求。

　　这两种方法并不是万能的，表7-1列出了这两种方法的适用和不适用项目类型。这些不适用项目类型的侧重点在于执行计算、获取编辑数据、生成报告等，并不在于用户与系统之间的交互。

表7-1　用例法及用户故事方法的适用和不适用项目类型

项目	项目类型
适用	业务应用系统、网站、自助终端、自操作设备
不适用	批处理、计算密集型系统、业务分析系统、数据库系统、实时系统

本章将主要介绍采用用例法进行用户需求的分析与收集。

7.2　用例法

　　用例法的关键是发现使用系统的角色，即参与者，了解并梳理这些角色将如何使用系统，即场景，从而完成用户视角的需求梳理。

　　用例法来源于实践，该方法来源于其创始人伊万·雅各布森在爱立信公司负责一种电话交换机项目研发工作时总结出来的灵感。1986年，用例的概念被正式确定下来，现在这是一种非常成熟的技术。

　　在用例模型中，包含的元素只有两个：参与者（角色）、用例。我们首先介绍这两个元素。

7.2.1　参与者（角色）

　　参与者（Actor）是在系统外，透过系统边界与系统进行有意义交互的任何事物。随着不断的实践总结，参与者这一术语现在已经被更贴合的术语"角色"代替，这是因为同一个参与者在不同情况下可能扮演不同的角色与系统中不同的用例交互。

这个定义中的关键点涉及两处："在系统外"及"透过系统边界与系统交互"。例如，在超市管理系统中，存在着会员，那么会员是在系统外吗？我们应该注意，"在系统外"的判定要点是：参与者应该是系统行为的触发者或被触发者。因此，这里在系统内只是记录着会员的信息、消费数据等，而会员本身还是位于系统之外。

参与者是用户相对系统而言所扮演的角色。除人之外，角色还可以是其他系统、硬件设备，甚至是时钟。

（1）其他系统：当系统需要与其他系统交互时，其他系统即参与者。例如，待开发系统需要通过网上银行支付，则网上银行系统被触发而成为参与者。再如，分析系统需要接收前台系统的数据，则前台系统触发了分析系统而成为参与者。

（2）硬件设备：当系统需要与硬件设备交互时，硬件设备即参与者。例如，在开发IC卡门禁系统时，IC卡读卡器就是一个参与者。

（3）时钟：当系统的行为设定为定时触发时，时钟也可以是一个参与者。

在UML中，角色有两种表示方法，如图7-1所示。一般地，如果角色是人，我们用图7-1（a）所示的火柴人表示；如果角色不是人，我们采用图7-1（b）所示的类元符号表示。

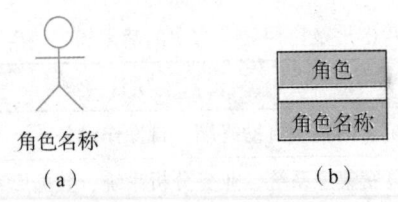

| 角色 |
| 角色名称 |

角色名称

（a）

（b）

图7-1　角色的表示方法

（a）火柴人；（b）类元符号

我们还需要注意，参与者是直接使用系统的用户，间接与系统相关的人只是干系人。例如，对于银行业务系统而言，参与者是网点的柜员，而不是储户。但是，对于ATM自动存取系统而言，储户也是参与者。

7.2.2　用　例

用例（User Case）实例将在系统中执行一系列动作，这些动作将生成触发用例实例的参与者可见的价值结果。用例定义一组用例实例，定义一个用例要涉及如下关键信息。

（1）用例实例是有步骤的，执行了一系列动作，它是由一系列业务步骤组成的业务活动。

（2）用例实例是有目标、有价值的，它能够为参与者带来有意义的结果。因此，我们应该注意不要把一些业务步骤"升级"为业务活动。

（3）用例是对一组用例实例（场景）的抽象，它可能是多路径的（基本事件流、扩展事件流、子事件流等）。例如，在提交订单时，可能出现用户没有注册、用户信用不够等情况。

在UML中，用例用一个椭圆表示，椭圆里面写上用例名称即可。

7.2.3　用例图

用例图由参与者与用例组成。在用例图中，所有的用例用一个大矩形框定，矩形表示待开发系统，而所有参与者在矩形之外，参与者与用例之间通过带箭头的实线连接。

下面，我们根据第 5 章的参考案例中的"订单业务子系统"，综合考虑项目愿景与范围文档中的业务事件，整理出这个子系统的用例图，如图 7-2 所示。

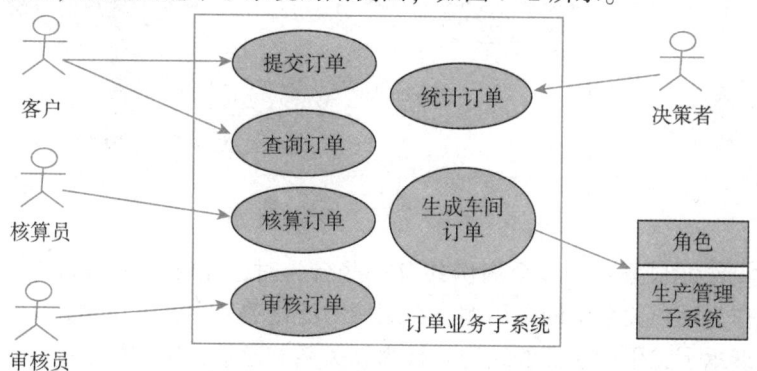

图 7-2　订单业务子系统的用例图

用例图中待开发系统外的一个参与者表示用例的使用者在与这些用例进行交互时所扮演的角色。例如，当审核订单时，系统的使用者就是审核员。参与者与用例之间是用一根带箭头的实线来表示的，箭头指向被触发者。一个参与者和用例之间的关联关系表示两者之间将进行通信，任何一方都可以发送和接收消息。

7.2.4　用例之间的关系

需要特别注意的是，在用例之间不应存在或表示流程关系，即用例之间应该没有连线。然而，软件需求分析师对用例图进行提炼整理时，用例之间可以出现如下三种关系。

（1）包含关系。当某个事件流片段在多个用例中出现时，我们可以把这个事件流片段抽取出来，放在一个单独的用例中。这样在后面就可以简化基用例的使用场景描述，同时使整个系统的描述更加清晰。通常，用一根附有"include"的带箭头的实线，由基用例指向被包含用例。例如，在一个影院管理系统中，会员可以通过手机应用自己"预订座位"，也可以通过前台"安排座位"。这里两个用例"预订座位"与"安排座位"都会涉及"检索座位"这一个子事件流。因此，可以把它独立出来作为一个用例，如图 7-3 所示。

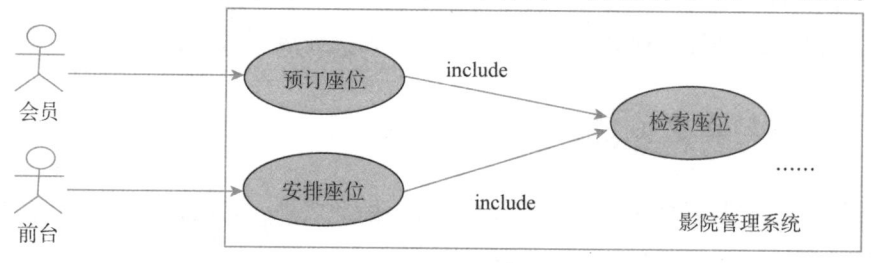

图 7-3　用例之间的包含关系

（2）扩展关系。若一个基用例有一些可选的、异常的、非常规的子事件流存在，则可以把这样的子事件流独立出来，形成一个扩展用例。通常，用一根附有"extend"的带箭头的实线，由扩展用例指向基用例，表示扩展用例对基用例的行为有所扩展。例如，在上述的影院管理系统中，如果会员"预订座位"时因售罄而无法成功，可以给他/她一个下场次"开放预约提醒"的子流程，形成一个扩展用例，如图 7-4 所示。

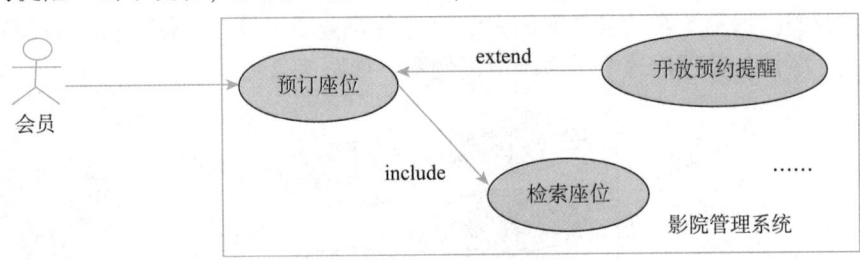

图 7-4 用例之间的扩展关系

（3）泛化与继承关系。当多个用例共有一些行为时，能够将它们的共性抽象成为父用例，其他用例作为泛化关系中的子用例。在用例的泛化关系中，子用例是父用例的一种特殊形式，子用例继承了父用例全部的结构、行为和关系。通常，用一根带空心箭头的实线，由子用例指向父用例，表示子用例对父用例的行为及关系的继承。例如，在图 7-5 中，用户注册有多种方式，可以是"现场注册"也可以是"网上注册"。因此，"现场注册"和"网上注册"用例继承了"用户注册"用例。

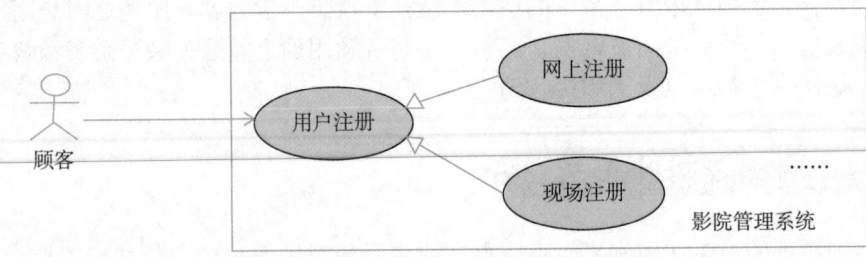

图 7-5 用例之间的泛化与继承关系

需要特别注意的是，给用户看的用例图不应该包含上述三种关系。这些用例之间的关系是软件需求分析师提炼的结果。包含关系建模的通常是多个用例所包含的公共子事件流；扩展关系建模的通常是优先级较低的扩展事件流；泛化与继承关系建模的通常是发现了多个用例之间存在共性的情形。

对用户而言，他们不会关心公共子事件流，也不会对用例之间的共性做深入研究。另外，若在一开始就将所有的扩展事件流全部表示出来，则会导致用例图的篇幅过大，合适的做法是在后期与用户协商达成共识后，再将一些相对优先级不高的扩展事件流加入用例图。

7.2.5 参与者之间的关系

在用例图中，参与者之间唯一的关系是泛化。除此之外，其他在参与者之间的连线都是不正确的。

一个参与者是另一个参与者的泛化，指的是前者继承了后者的所有权限，即后者可触发

的所有用例前者都可以触发。使用参与者之间的泛化关系可以减少用例图的连线，降低模型复杂度。参与者之间的泛化关系也是用一根带空心箭头的实线，由前者指向后者。例如，在图 7-2 中，审核员除进行订单审核之外，还有权限执行核算员的订单核算工作，那么审核员就继承了核算员与用例之间的所有关系，如图 7-6 所示。

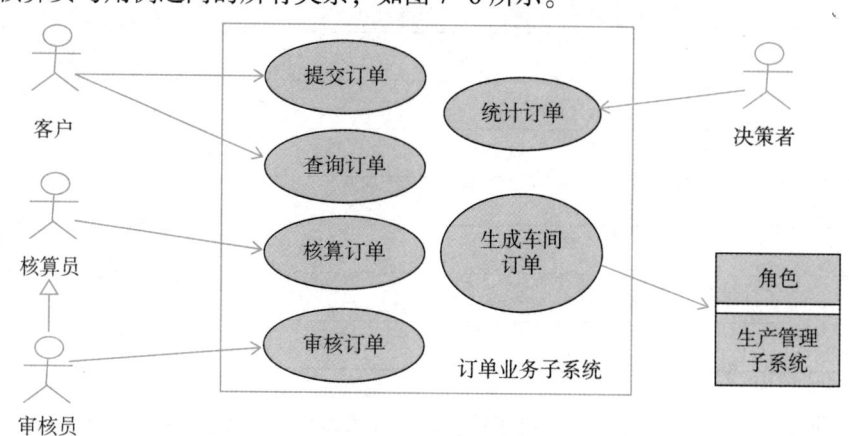

图 7-6　订单业务子系统的用例图（更新）

7.3　使用场景说明

用例图完成后，下一步需要对其中的每一个用例做使用场景说明。

用例图中的每个用例描述的是一个独立的活动，某个角色可以执行它来实现一些有价值的活动，而用例的使用场景正是用来描述这些具体的业务步骤的。

📋 7.3.1　使用场景的要素

使用场景也称为用例说明，基本要素包括：一个唯一的 ID 及一个简洁的名称；一个简短的文字说明，用来描述用例场景；开始执行用例的触发条件；用例启动前需要满足的零个或多个前置条件；一个或多个后置条件，用来描述用例成功完成后系统的状态；一个有编号的步骤列表，用来展示角色与系统之间的交互顺序，这些交互始于前置条件终于后置条件。

一个完整的使用场景描述模板如表 7-2 所示。

表 7-2　使用场景描述模板

ID 和名称：	
创建人：	创建时间：
首要角色：	次要角色：
描述：	
触发条件：	

前置条件：	
后置条件：	
正常流程：	
可选流程：	
异常：	
优先级：	
使用频率：	
规则：	
其他信息：	
假设：	

表7-2所示模板中的前五项提供了使用场景的基本信息。"描述"提供一句话概括使用场景。当系统检测到触发条件时，表明用户想要执行这个用例，进入这个使用场景。系统将先检查前置条件，如果条件都能满足，那么系统就可以开始执行正常流程了。检查前置条件可以预防一些错误。例如，当ATM为空时，就不应该让用户开始提款交易。这是一种使系统更加健壮的方法，软件需求分析师应该尽可能考虑、获取前置条件，增强这种健壮性。当系统的流程执行完后，后置条件描述了当时的系统状态。后置状态包括用户可观察的内容（如系统显示的账户余额）、物理产出（ATM吐出的回执）、内部的状态变化（ATM内置现金余额信息的修改）。通常，用户可观察的内容及物理产出是显而易见的，但是内部状态变化这些细节需要软件需求分析师仔细考虑，并将它们作为后置条件记录下来。

用例中的业务步骤主要通过使用场景中的正常流程完成。正常流程应该写成有编号的步骤列表，表明系统执行的每一步。除正常流程外，可选流程描述了一些不常见或低优先级的业务步骤。通常，在正常流程的某个决策点分支到可选流程。潜在的阻止场景流程的条件称为异常。异常描述执行流程期间预期的错误条件及其对应的处理方法。一种情况是用户可以从一个异常恢复，如输入数据错误；另一种情况是使用场景必须终止。一些错误条件可能会影响多个使用场景或一个使用场景正常流程的多个步骤，如网络中断、数据库操作失败、卡纸等。软件需求分析师应该设定额外的功能需求以应对这些异常，而不应该在所有可能受影响的用例中反复给出这些异常。

尽管许多用例都可以用简单的文字来描述，但流程图或UML活动图或许更有说服力，它们能以视觉方式呈现一个复杂用例的逻辑流。流程图和普通的程序流程图很相似，UML活动图请参阅相关书籍。

在较大的业务中，用户可以将一系列的业务场景连接成一个"宏"业务场景。为了实现这个业务，每一个业务场景都必须使系统保留一个状态，使用户能够基于这个状态开始下一个业务场景。在这种情况下，一个业务场景的后置条件必须满足下一个业务场景的前置条件。

使用场景和业务规则是交织在一起的。一些业务规则会限制角色执行一个用例的全部或部分。业务规则还可以通过定义有效的输入值或决定如何执行计算来影响正常流程中的特定步骤。在探索业务场景时，软件需求分析师会发现潜在的业务规则，较好的做法是在需求说明的最后附上业务规则列表，而在使用场景中引用这些规则。

7.3.2　使用场景示例：提交订单

我们以图 7-6 中的"提交订单"用例为例，在表 7-3 中描述这个使用场景。使用场景即用例说明，所以 ID 以 UC 开头，并附上名称。

提交订单主要由客户（首要角色）完成，但有的客户不熟悉信息系统，则可由销售员（次要角色）代替客户提交。在进入这个场景之前，要保证客户/销售员的身份已经通过了认证，即他们已经登录成功；还要保证产品信息数据库（用以提供品类、产品及规格信息）、客户信息数据库（用以生成订单）及订单数据库（用以保存订单）已经成功连接。在这个使用场景完成后，应该生成经过确认的客户订单。

表 7-3　使用场景示例：提交订单

ID 和名称：UC-1 提交订单	
创建人：李工	创建时间：2022-12-08
首要角色：客户	次要角色：销售员
描述：客户/销售员通过在系统中选定所需的产品、规格及数量，完成订单	
触发条件：客户表示需要一些产品	
前置条件：1. 客户/销售员身份通过认证 　　　　　2. 产品信息数据库在线 　　　　　3. 客户信息数据库在线 　　　　　4. 订单数据库在线	
后置条件：1. 生成客户订单 　　　　　2. 客户订单进入订单数据库	
正常流程：1.0　在订单业务子系统中订购产品 　　　　　1. 若是销售员登录，则在客户列表中选定客户 　　　　　2. 从品类列表中选定品类 　　　　　3. 从产品列表中选定产品 　　　　　4. 在既定规格中进行选择或进行规格备注（见 1.1） 　　　　　5. 输入所需产品数量（见 1.2） 　　　　　6. 完成订单或订购下一项产品（返回步骤 2） 　　　　　7. 系统生成订单草样 　　　　　8. 确认订单或取消订单（见 1.3） 　　　　　9. 合并订单草样和客户信息生成客户订单 　　　　　10. 客户订单存入订单数据库 　　　　　11. 提示提交成功	
可选流程：1.1　规格备注 　　　　　1. 在文本框中描述规格 　　　　　2. 返回正常流程步骤 5 　　　1.3　取消订单 　　　　　1. 若需重新开始提交订单，则返回正常流程步骤 1 　　　　　2. 否则，中止用例	

续表

异常：1.2 用户输入数量超出设定的产品数量最大值 　　　　1. 提示用户，并把数量设置为最大值 　　　　2. 返回正常流程步骤 6
优先级：高
使用频率：约有 20 名客户，平均每月使用 1 次
规则：
其他信息：
假设：1. 客户清楚产品的各种规格，并知道自己的需要 　　　2. 客户有使用信息系统的经验 　　　3. 产品信息数据库内的所有产品均可供货

7.3.3 流程图：提交订单

对于使用场景的描述，我们还可以附上一张流程图以便更清晰地表述其中的流程。例如，图 7-7 所示为"提交订单"使用场景的流程图。

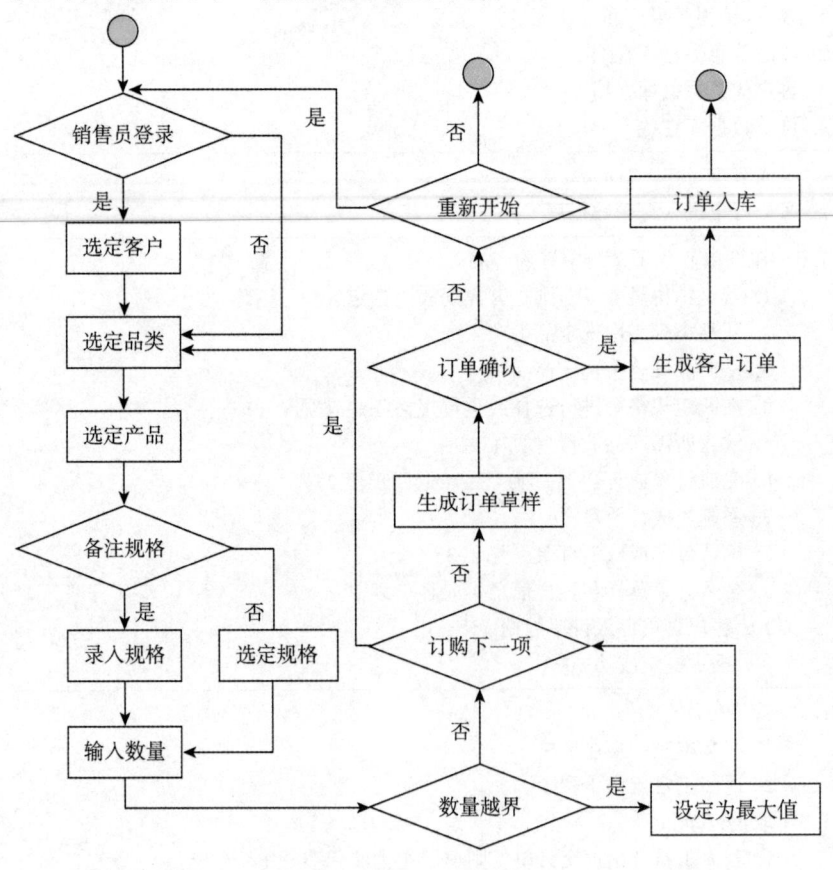

图 7-7　流程图：提交订单

7.4 用例法的使用过程

用例法是一种非常成熟的用户需求收集整理方法。前面已经详细描述了用例图及用例说明（即使用场景），这些属于用例法的内涵。本节我们将介绍用例法的使用过程。

7.4.1 识别用例

在制作用例图时面对的第一个问题是用例从何而来，我们可以从如下几个方面识别用例。

（1）首先确定角色，然后制定系统所支持的业务过程，并为角色和系统的交互活动定义用例。

（2）为每个业务过程创建一个（组）特定的场景进行说明，然后将这些场景概括为用例，并识别每个用例涉及的角色。

（3）使用业务过程描述，探究系统必须执行哪些任务来完成将输入转换成输出的业务过程，这些任务可能就是用例。

（4）识别系统必须响应的外部事件，然后将这些事件关联到参与活动的角色和特定用例。使用 CRUD 分析来确定需要用例创建（Create）、读取（Read）、更新（Update）、删除（Delete）或控制的数据实体。这些对数据实体执行的动作可能就涉及用例。

软件需求分析师通常采用访谈或工作坊的方式和用户一起识别用例。软件需求分析师会要求用户思考他们要用新系统执行的任务。每个任务都会变成候选用例。这是一种自底向上的用例获取方法。还可以采用自顶向下的方法识别所有系统要支持的业务过程并从中挑拣用例的方法。自底向上和自顶向下的方法可以结合使用，以减少遗漏的可能性。

一些用户不会以任务的方式提出用例，而是提出一些名词，如"销售数据汇总表"。用例的名称应该指出用户想要完成的目标，所以需要从一个动词开始。要弄清楚用户到底是想申请、查看、打印、下载、修改、删除还是创建一张销售数据汇总表。

另外，不要在用户提出第一个用例时就非常着急地进行"高分辨率"的分析。适当了解每个用例会使团队可以安排优先级，将不同的几组用例安排在不同的计划发布版本或开发迭代中。同时，不要强行将每一个需求都以一个用例表示。用例可以揭示大多数但并非全部的功能需求。如果软件需求分析师已经知道必须实现的特定功能，那么为此而创建一个用例就无太大意义。

7.4.2 打磨用例

在深入探讨每一个用例时，需要先确定受益于用例的用户，写下简短的描述并估算使用频率。然后开始定义前置条件和后置条件（用例的边界），所有用例步骤都发生在这些边界之内。随着讨论的深入，前、后置条件会得到持续的调整。

随后，软件需求分析师可以询问用户是如何构想与系统交互从而执行任务的，这样可以得出一系列角色行动和系统响应序列，形成正常流程。属于同类的不同用户个体或许会对用户界面有不同的想法，但他们需要对"角色-系统"对话中的基本步骤达成一个共同愿景。

即时贴和白板是非常好的打磨用例的道具，如图7-8所示。软件需求分析师捕捉角色的动作和相应的系统响应，将它们记在即时贴上，再粘贴到白板的表格里。即时贴很容易移动、归纳、汇总，并且可以在讨论的过程中进行替换。当然，还可以把用例模板从一台计算机投放到大屏幕上，然后和用户一起讨论、填充。在写使用场景流程步骤时，既要避免使用指向特定用户界面的交互语言，也要把握流程步骤的粒度，太快进入具体的交互细节会制约软件需求分析师及用户的思维。

图7-8　用即时贴和白板打磨用例

7.4.3　验证用例

在每次需求访谈或工作坊后，软件需求分析师可以从使用场景中推导出软件的功能需求，还可以画出一些分析模型，如状态转换图、实体关系图等。在这之后的一两天，软件需求分析师可以把这些使用场景和功能需求发送给工作坊的参与者，请他们审阅这些内容。这些非正式的审阅会暴露许多问题，如以前未发现的可选流程、新的异常、不正确的功能需求及遗漏的流程步骤等。

不要等到用户需求全部完成之后，再向用户或其他干系人征求反馈意见，早期的审阅可以帮助软件需求分析师改进之后的需求工作。

7.4.4　用例法的注意事项

在使用用例法的过程中，要注意以下情况。

（1）避免生成太多的用例。若生成了太多的用例，则很可能是没有在合适的抽象层上设计用例图。不要对每一个可能的场景都单独创建一个用例。描述用户需求的使用场景数量往往多于业务需求而少于功能需求。

（2）不用高度复杂的用例。虽然软件需求分析师不能控制业务流程的复杂性，但是可以控制如何以用例来表示它们，可以选择一个贯穿于用例的成功路径作为正常流程，使用可选流程描述其他指向成功的逻辑分支，使用异常来处理导致失败的分支；还可以有很多其他选择，但每一个选择都要确保流程简短。若一个流程长度超过了二十步，则要考虑是否需要对其进行拆分。

（3）用例不应包含设计。用例应该聚焦于用户在系统帮助下需要完成的事务，而不是屏幕的界面。用例强调角色和系统之间的概念性交互，不要让用户界面设计来驱动需求探索。

（4）用例不应包含数据定义。使用场景的讨论非常容易诱发对处理数据的讨论，然而在用例中不应包含数据定义。因为数据定义在用例中并不明显，而且还会导致重复定义，容易失去一致性。数据应该定义在项目级别的数据字典和数据模型中。

（5）用户需要完全理解用例。从用户的视角写用例，而不是系统的视角。如果用户无法将用例关联到他们的业务，那么这样的用例就失去了意义。用例需要用户审查，尽可能保持用例简洁，达成明确而有效的沟通目标。

7.5　用户需求文档

用户需求文档是软件需求开发时提交的第二份文档，其由用例图和对图中所有用例的使用场景组成。

例如，"订单业务子系统"的用户需求文档包含图 7-6 以及 6 种使用场景（表 7-3 所示是其中一种）。

7.6　知行合一

1. 知行观的历史发展

"知行"是中国传统哲学的重要范畴，其始于《尚书》与《左传》，《尚书》有"非知之艰，行之惟艰"之说，《左传》有"非知之实难，将在行之"之说。"知"指认知或良知，"行"指行为、行动。知行关系在中国哲学史上主要指道德认识与道德践履，其代表人物是朱熹、王守仁；也指一般认识论的意义，特别是清末、民国时期，代表人物是孙中山。

汉代以后、北宋建立之前，儒学受到佛老二氏的冲击，儒学在社会基层至上层的影响力都比汉代减弱许多，因而在两宋时期，大儒们一方面反佛老而重振儒家的地位，另一方面也希望为国家建立一套道德规范。知行问题正是儒家道德规范的核心。

针对当时"假道学""伪君子"屡见不鲜的社会现象，朱熹提出"论先后，知为先；论轻重，行为重"之说，即认为人在良知、圣人之言中的道德认识是容易的，不过之后的道德践履才是重点，人们应该努力去道德践履。朱熹还比喻说："知行常相须，如目无足不行，足无目不见。"与朱熹同时的陆九渊有"心即理"的学说，他针对当时的读书人满口"之乎者也"而不去道德践履的现象，提出了"尊德性"是主、"道问学"是次的观点。在朱熹看来，"尊德性"与"道问学"是平衡的，陆九渊反对说："吾以为不可，既不知尊德性，焉有所谓道问学？"

直到朱熹去世后，他的学说才被朝廷推崇，他也在元、明、清三代被誉为圣人。与此同时，朱熹的知行观给了人们这样的借口：我知得不够，所以还不能行，等我的知足够了再行。可谓理想很丰满，现实很骨感。在明代，首先对朱熹学说发难的是陈献章。陈献章曾经以才学"名震京师"，其才能为大家所公认，然而却受到伪君子的排挤、攻击，甚至参加科举考试的试卷也不知去向，这使他对知行分离的现象深有感触。陈献章指出："圣贤垂世立教之所寓者，书也。用不用者，心也。"这就是说，人心是根本，知而不行，阅读再多的圣贤书也是白读。陈献章的"道通于物"的学说，既指无形的道需要通过有形的物表现出来，又指"知"——道德认识需要通过道德践履表现出来。

紧随陈献章之后的湛若水、王守仁各自提出了知行合一之说。湛若水说："内外合一谓之至道，知行合一谓之至学，如是则天地乾坤君臣父子夫妇之道在我矣。"所谓"天地乾坤君臣父子夫妇之道在我矣"指的是"万物皆备于我"的理想境界，"随处体认天理"是达到这种境界的途径。"随处体认天理"是湛若水的心学宗旨，其中所说的"天理"包含道德之理，他特别指出"体认兼知行也"。在知行合一的基础上，湛若水认为道德认识应该与道德践履齐头并进，而不是非要等道德认识有进步之后再使道德践履去进步。湛若水在"理气合一"学说的基础上指出"真知流行，即是知行并进"，又在"体用一源"学说的基础上结合《易经》教人做君子的言论提出"主宰处是知，发用处是行。知即乾知大始，行即坤作成物"的观点。

对于知而不行的时弊，王守仁有这样一段一针见血的话："今人却将知行分作两件去做，以为必先知了，然后能行，我如今且去讲习讨论做知的功夫，待知得真了方去做行的功夫，故遂终身不行，亦遂终身不知。此不是小病痛，其来已非一日矣。某今说个知行合一，正是对病的药。又不是某凿空杜撰，知行本体原是如此。"他认为，"真知即所以为行，不行不足谓之知""知是行之始，行是知之成"，又强调"圣学只是一个功夫，知行不可分作两事"。王守仁把知行范畴中的"知"理解为良知，认为圣学功夫即致良知。

可见，知行观都是受到历史发展、时代精神状况影响的。不过，可以肯定的是，无论何种知行观，都认为知行是不能分离的。

2. 知行合一的大宗师

王守仁（1472—1529 年，图 7-9 所示），本名王云，字伯安，号阳明，又号乐山居士，浙江余姚人，明朝杰出的思想家、文学家、军事家、教育家。王守仁是中国历史上罕见的立德、立言、立功的圣人，他的一生都是传奇，年少叛逆却成大器，一介书生却能用兵，更能创立心学，影响直至五百年后。王守仁不仅在哲学上颇有建树，在事功方面更是堪称后人典范。他不仅不畏奸臣迫害，还用很短的时间平定了明朝的宁王叛乱，功绩昭著后世。

图 7-9　王守仁像

（1）青年王守仁。

成化八年（1472 年），王阳明出生于浙江绍兴府余姚县一个富裕家庭。9 岁时，他的父亲王华一举考中状元，全家迎来高光时刻。但相较于父亲目标明确的人生道路，30 岁之前，王阳明的人生却充满了各种不确定性。他根本不知道自己想做什么。

他少年时期喜欢习武，不肯专心读书，总是偷偷溜出去做孩子王，左右调度，如战场上排兵布阵一般。父亲见了，很生气："我家世代以读书显贵，用得着这个吗？"他反问一句"读书有什么用"。后来一度喜欢诗文，打算做一个才子文学家；不过，很快就又兴趣转淡。他的文友们颇感惋惜，他笑着说，即便学如韩愈、柳宗元，不过为文人，辞如李白、杜甫，不过为诗人，都不是第一等德业。

他对当时流行的程朱理学感到不满意，想用实践去验证这些大学问，结果一无所得。在北京，父亲的官署里种有很多竹子。遵循程朱理学中"今日格一物，明日格一物，必有豁然贯通处"的教诲，王阳明和一位姓钱的朋友相约，从早到晚默默对着竹子，看谁更早透过这些竹子格出天理。三天后，他的朋友退出。七天后，他也出现了幻觉，对竹格理遂以一场大病告终。

此后，王阳明转而学道。他还曾在九华山寻访著名的仙家，好不容易找到了两个奇人，一心想跟人家学习。结果一个说他"官气未散"，另一个只对他说了句玄语"周濂溪、程明道是儒家两个好秀才"。

好友湛若水后来回顾，说王阳明早年有过"五溺"："初溺于任侠之习，再溺于骑射之习，三溺于辞章之习，四溺于神仙之习，五溺于佛氏之习。"王阳明是一个多方面有趣味的人，他的内心充满着一种不可言喻的热烈的追求，一毫不放松地往前赶着。有一种不可抑遏的自我扩张的理想，憧憬在他的内心深处，隐隐地驱策他奋发努力。他似乎是精力过剩，而一时没找到发泄的出路。他一方面极为执着，事不成不罢休；另一方面又极为跳动，沉迷"五溺"。这就是王阳明早年的生活状态。

直到 30 岁，有一天他在山中修炼，状态很好，但忽然想念起祖母和父亲，尘缘未断，此时他才感到自己沉溺过的东西都不太靠谱，因此果断放弃了这条路。

从道家与佛教的出世虚无中摆脱出来后，王阳明开始以自己的经历和正在建构中的新思想去开导别人。他在杭州西湖边的寺院看到一个枯坐的和尚。他遂绕着和尚走了几圈，突然站定，大喝一声："这和尚终日口巴巴说甚么，终日眼睁睁看甚么！"和尚猛地惊起。他盯紧和尚，问其家人。和尚答："有老母在。"又问："想念否？"答说："不能不想。"他最后告诉和尚，听从内心良知的召唤，好好生活。第二天，和尚打包离开寺院，重返人间。

（2）龙场悟道。

1505年，正德皇帝继位。正德皇帝是明代最风流成性的天子，他荒淫无道，整天游山玩水，酗酒逞强，把朝政当儿戏，只听任刘瑾等宦官胡来。刘瑾狐假虎威，朝政大坏，凡有良知的官员痛心疾首，但大部分官员选择了趋炎附势。正德元年（1506年）冬天，正直官员戴铣、薄彦徽等20多人上书正德皇帝，要求严惩刘瑾一伙人，结果反被打入死囚。

当时任兵部主事的王阳明出于义愤，冒死和其他人一起上书为这些官员辩护，请求释放他们。正德皇帝看了奏疏，极不耐烦地对刘瑾说："这些小事就不要烦我了，你自己看着办吧。"刘瑾此时正对王阳明等人恨之入骨。他当即下令，将王阳明重打四十大板，谪迁至贵州龙场，作一个没有品级的驿丞。尽管这样，刘瑾并未放过他，一路派锦衣卫跟踪，欲加谋害。在后来的历史叙述中，王阳明逃离锦衣卫暗杀的事迹被传奇化：两个锦衣卫追着他到了江边，王阳明意识到难以脱身，急中生智，脱下鞋子摆在岸边，并将头上的斗笠扔到江里，伪造了一个跳江自杀的现场。而他本人早已登上一艘船，向着舟山逃去，打算从海上绕道贵州。然而，祸不单行，他乘商船在海上遇台风，几度命悬一线。此时的王阳明有过隐遁不仕的打算，但担心连累父亲，便遵从内心的良知，还是去了龙场驿赴任。

他被发配到龙场，一住便是三个年头。王阳明惨遭此祸，心境自是孤独、寂寞、苦闷、悲戚。他由繁华、恬静、文雅、舒适的万户京城，陡然漂落到偏僻、荒凉、寂寥、冷漠的龙场，举目无亲，衣食无着，不由产生一种巨大的失落感，仿佛由"天堂"坠入"地狱"。他自知无处申冤，万念俱灰，唯有生死一念未曾了却，于是对石墩自誓："吾惟俟命而已！"他心乱如麻，恍恍惚惚，悲愤忧思无法排解，终夜不能入眠。起而仰天长啸，悲歌以抒情怀。诗不能解闷，复调越曲。曲不能解闷，乃杂以诙笑。

在此绝望之中，淳朴善良的龙场人给予他无私的援助，使他看见了一线希望的曙光，有了生活的勇气，重新站立起来，与命运抗争。他用"生命的体验"来面对人生，面对残酷的现实，走上一条艰苦、独特的道路，从而成为人生中的一大转折，成为学术思想的新开端。龙场在万山之中，"书卷不可捣"，于是默记《五经》要旨，但凭自己的理解去领悟孔孟之道，忖度程朱理学。这一改变，使他摆脱了世间凡俗，跳出了"以经解经""为经作注"的窠臼，发挥了独立思考，探索到人生解脱之路。

他在龙场附近的一个小山洞（阳明洞，如图7-10所示）里"（把）玩（周）易"，在沉思中"穷天人之际，通古今之变"，心境由烦躁转为安然，由悲哀转为喜悦，一种生机勃勃的情绪油然而生。在龙冈，他写成了《五经臆说》，以其极富反叛精神的"异端曲说"向程朱理学发起猛烈轰击。谪居龙场三年，他最为感动的就是那些朴质无华的"夷民"，他们与王无亲无故，却能拔刀相助，为他修房建屋，帮助他渡过了难关。这与京城中"各抢地势，钩心斗角"的情况相比，有如天渊之别。他体味到人间"真情"，深感"良知"的可贵，从中得到新的启示和灵感。在龙场这既安静又困难的环境里，王阳明结合历年来的遭遇，日夜反省。一天半夜里，他忽然有了顿悟，认为心是感应万事万物的根本，由此提出"心即理"的命题。认识到"圣人之道，吾性自足，向之求理于事物者误也。"这就是著名的"龙场悟道"。

图 7-10　贵州龙场阳明洞前的"知行合一"石刻

在此基础上，他提出"知行合一"。在当时的官学程朱理学里面，知识和实践是割裂的，王阳明将二者统一起来。他后来又创立了"致良知"的体系，认为人的感知能力和能量很大，而且每个人都有能力和能量，应该努力去开发它。

王阳明的这些思想，就像是一颗重磅炸弹在明王朝炸开了。以前独尊孔子，后来加上迷信朱熹，但王阳明登高一呼："夫道，天下之公道也；学，天下之公学也。非朱子可得而私也，非孔子可得而私也。"每个人都有主观能动性，不必靠一个人的智慧过日子。人人心中有一个"圣人"，努力去争取，那么人人可以为尧舜。对于强调秩序、统一和标准答案的明朝思想界，他的这些思想给了苦闷的读书人极大的震撼。

（3）建功社稷。

结束了三年的龙场贬谪，王阳明回归正常的官场仕途，并在刘瑾死后获得升迁。正德九年（1514 年），他升任南京鸿胪卿。

他到哪都不忘讲学，想要把他的发现告诉更多人。信服他学说的人越来越多，以其学说为"异端"的人同样越来越多。但王阳明对周遭的声音逐渐不在意，他只砥砺自己做一个知行合一的人。他晚年回顾自己的心路历程，对弟子们说："我在南都（南京）以前，尚有些子乡愿意思。在今信得这良知真是真非，信手行去，更不着些覆藏，才做得个狂者胸次，故人都说我行不掩言也。"

在儒家传统里，自孔子以来就对"乡愿"深恶痛绝，因为这种人看上去忠诚老实，其实不过是随波逐流罢了。王阳明说得很清楚，认为此种人的"忠信廉洁"是为了"媚君子"，"同流合污"是为了"媚小人"。王阳明反思自己 43 岁以前也有乡愿的毛病，但此后就不管流俗的看法，逐渐拥有了"狂者"的境界。何谓狂者？狂和狷，在儒家经典里经常同时出现，相较于被否定的"乡愿"，这是两种被肯定的人格。狷者的精神在于知耻不为，坚守善道，洁身自好；狂者的精神在于志向远大，勇于进取，光明磊落。用王阳明的话来说："狂者志存古人，一切纷嚣俗染，举不足以累其心，真有凤凰翔于千仞之意，一克念即圣人。"可见，狂者虽然还不是圣人，但一念之间就可以实现精神的自我超越，由狂入圣。

正德十四年（1519年）六月十四日，宁王朱宸濠以自己的生日为名宴客，胁迫江西官员跟他一起起兵造反，史称"宁王之乱"。王阳明时任右副都御史，巡抚南（昌）、赣（州）、汀（州）、漳（州），正奉命前往福建处理一起卫所军人作乱事件。听闻朱宸濠叛乱的消息，他立刻易服潜返吉安，一方面与吉安知府伍文定调集兵粮、船只，另一方面发出征讨令，呼吁各地起兵抗击宁王。

王阳明分析说，"贼若出长江顺流东下，则南都（南京）不可保"。因此，他采取一系列兵不厌诈的谋略，对朱宸濠实施缓兵之计，拖延其攻打南京的时间。他伪造朱宸濠的亲信谋士李士实、刘养正的投降秘状，四处散布，并专门写回信，感谢他们"精忠报国之心"，由此引发朱宸濠集团内部的相互猜忌。当李士实建议朱宸濠尽快出兵夺取南京、即大位时，朱宸濠出于猜忌，对这个建议迟迟不作回应。等到朱宸濠意识到自己中了王阳明的缓兵之计，开始发兵攻打南京，王阳明则直取其老巢南昌，迫使朱宸濠带兵回援。南昌被打下来了，朱宸濠也在回援的过程中被生擒，这场帝国藩王内乱在第43天戛然而止。

朱宸濠被王阳明生擒时，远在北京的正德皇帝朱厚照还在忙着"御驾亲征"的各种准备。当荒诞的朱厚照自封大将军出发南征时，王阳明的捷报已送到，但他装作没看见，继续南下，一路游玩，用了四个月时间，终于抵达南京。这样，凭借杰出军事才能为明王朝平定藩乱的王阳明，因为"破坏"了皇帝本人的南征行动以及皇帝身边的佞臣建功立业的欲望，处境变得微妙而凶险。

朱厚照身边的佞臣诬陷王阳明"先与（朱宸濠）通谋，虑事不成"，才反水。他们还暗示王阳明将朱宸濠释放，然后再由朱厚照亲自擒获，这样才能满足皇帝的虚荣心。面对荒诞的政局，王阳明决定急流勇退。他将朱宸濠交付当时尚属正直的太监张永，然后称病，避免卷入更多的政治事端。荒诞的朱厚照后来在南京一个教场里，亲手"擒获"了朱宸濠，打着南征大胜的旗号回北京。途中游船落水生病，正德十六年（1521年）三月去世了。

王阳明终正德一朝，都未受到朝廷表彰。这种诡异的状态一直持续到嘉靖皇帝朱厚熜继位半年后，朝廷才对平乱的有功官员进行了封赏：王阳明被封为新建伯。

（4）讲学传道。

随着嘉靖初年的"大礼议"事件成为新皇帝重建权力的转折点，那些追随王阳明的平叛功臣们，陆续成了牺牲品，一个个遭到弹劾或黜官。紧接着，朝廷上有人弹劾王阳明，而且针对的是他的学说："近有聪明才智足以号召天下者，倡异学之说；而士之好高务名者，靡然宗之。大率取陆九渊之简便，惮朱熹为支离，及为文辞，务从艰险。"当王阳明的心学理论日渐对正统的程朱理学形成对抗时，来自朝廷的思想统一的阴影便始终笼罩在这位心学宗师的头上。

因为父亲王华去世，王阳明回乡守制。直到嘉靖六年（1527年）赴广西平叛之前，遭受政治打压的王阳明反而获得了宝贵的六年时间，集中精力讲学，创办书院，调教弟子，这使他的心学进入了越压制越顽强的传播状态。他的人格魅力和思想学说吸引了众多门徒，"致仕县丞、捕盗老人、报效生员、儒士、义官、义民、杀手、打手，皆在笼络奔走中"。

史载，当时王阳明在绍兴讲学，全国各地学子不远千里，慕名而来，远近寺刹都被住满了，甚至到了"夜无卧处，更相就席"，即大家轮流睡床的地步。浙东由此成为心学传播的大本营。

嘉靖二年（1523 年），王阳明门下最特立独行的弟子王艮穿奇装异服、坐"招摇车"（蒲轮）北上入京，沿途讲学，传播心学，轰动一时。王阳明闻讯大怒，设法把王艮召回来"痛加制裁"，但他的学术思想已流传四方。王艮原名王银，出身贫苦的灶户，世代以制盐为生。19 岁后，他为了生计，通过贩卖私盐，用十年时间实现了财富自由。他没受过系统的教育，但悟性极高，又好读书，后到江西拜入王阳明门下。有次王艮出游归来，王阳明问他："都看到了什么？"王艮答："我看到满街都是圣人。"王阳明听出他的话外音，跟他说："你看到满大街都是圣人，满大街的人看你也是圣人。"王阳明知道这个弟子"意气太高，行事太奇，欲稍抑之"，于是将其原名"银"字去金得"艮"，赐字汝止，希望王艮行止得当，动静适时。但王艮仍以其高调的行事风格和出格的思想言论，赢得了世人的关注。王阳明去世后，他创立泰州学派，成为阳明心学中最活跃、影响最大的门派。

嘉靖六年（1527 年），王阳明提出著名的"四句教"："无善无恶心之体，有善有恶意之动，知善知恶是良知，为善去恶是格物。"这时，门下弟子出现了理解的差异。同年，广西思恩、田州二府发生叛乱，两广都御史根本搞不定，朝廷才又想起军事奇才王阳明，并让他尽快前往平叛。九月，在王阳明启程的前一晚，他的两大弟子钱德洪与王畿前来讨教。大体而言，针对老师的"四句教"，钱德洪认为要下工夫去修炼，王畿则给心灵赋予全部合理性。这就像禅宗南北两派，钱德洪主张渐悟，王畿主张顿悟。

对两位弟子的分歧，王阳明进行了调和："二君之见相资为用，不可各执一边。汝中（王畿）之见是为利根之人用，一悟本体即工夫；德洪之见是为其次之人用，本体受蔽，要实落意念上的为善去恶。汝中需用德洪工夫，德洪须透汝中本体。"就是说，要根据不同人而定，有利根的人，就像王畿那样做；至于大多数的普通人，则像钱德洪说的那样做。王阳明之前也强调，致良知要一天一天渐进，就好像种树一样，"树有这些萌芽，只把这些水去灌溉，萌芽再长便再加水，自拱把以至合抱"。如果一下子转向，就像"有一桶水在，尽要浇上，便浸坏他了"。当晚，两位弟子有所省悟。但这也预示着阳明心学将会走上分歧迭出的道路。

嘉靖七年（1528 年）七月，王阳明平定了广西的叛乱。十月，嘉靖皇帝朱厚熜读到他上奏的捷报后，却大发雷霆，说王阳明的捷报"近于夸诈，有失信义，恩威倒置，恐伤大体"。总之就是怀疑王阳明夸大战功。此时，王阳明已经病重。不等朝廷同意，他自己就率性踏上了返程。朱厚熜并不体谅这些，说他无诏行动，目中无朕。那些惯于诋毁的朝臣，也都出来说王阳明是"病狂丧心之人"。王阳明已经不想，也没办法应对周遭的诋毁。漫长的归途只走了一半，他就病逝于江西南安的一条小船上，留下"此心光明，亦复何言"的遗言。王阳明的门人弟子对他的语录和信件进行整理编撰而成了哲学著作《传习录》（如图 7-11 所示）。

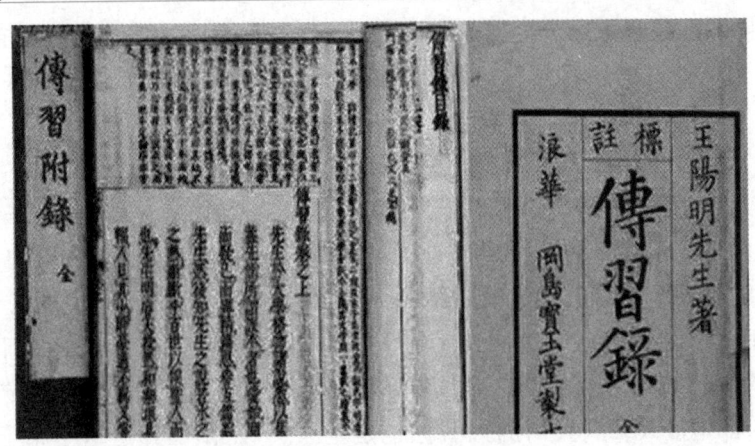

图 7-11　《传习录》

（5）后世影响。

王阳明去世后，他的两大弟子钱德洪和王畿讣告同门，强调要统一意识。但是一个学派，宗师死后的派别分化显然不可避免，更何况钱德洪和王畿二人早已存在理念分野。然而，或许正是门派的分化，才使阳明心学迎来了新的生命力。

根据黄宗羲《明儒学案》，阳明学派可按地域分成七大门派，"门徒遍天下，流传逾百年"。阳明心学影响力太大，以至于嘉靖、隆庆以后，没有几个人对程朱理学笃信不疑了。按照"天泉证道"时体现出来的理念差异，阳明心学则被分成现成与工夫两大系统。王畿的虚无派和王艮的日用派，均属于现成派；聂豹、罗洪先的主静派，邹守益的主敬派，钱德洪的主事派，则属于工夫派。

中国历史上，在阳明心学之前，从来没有一种学说，能够如此肯定个体价值。难怪后来的东林党领袖顾宪成说："士人桎梏于训诂词章之间，骤而闻良知之说，一时心目俱醉，犹若拨云雾而见白日，岂不大快！"史学家余英时评价阳明心学为"一场伟大的社会运动"，他说王阳明是要通过唤醒每一个人的"良知"的方式，来达成"治天下"的目的。这可以说是儒家政治观念上一个划时代的转变，我们不妨称之为"觉民行道"，与两千年来"得君行道"的方向恰恰相反。他的眼光不再投向上面的皇帝和朝廷，而是转注于下面的社会和平民，这是两千年来儒者所未到之境。

到了王艮的泰州学派（日用派），更加注重对底层人民的教育，主张君子平民化，从而形成较为彻底的平民儒学。泰州学派门下相继涌现出徐樾、颜钧、罗汝芳、何心隐、李贽等"能以赤手博龙蛇""非名教之所能羁络"（黄宗羲言）的杰出人物。他们推崇自然人性，冲决一切网罗，其影响不仅局限于思想界，还扩展到文学艺术等泛文化领域。重情主义、自然主义、自由主义、个人主义等社会思潮，伴随晚明的市民经济，构成了一个相互促进、相互发展的闭环。

晚明出现了包括"四大奇书"在内的世俗小说，以及冯梦龙、凌濛初等人的通俗小说，除有刻书、印刷、交通、识字率等因素的促成外，本质上还是阳明心学影响下的产物。信奉心学的士人，以"人人皆可成圣人"的精神信条，通过通俗小说、戏曲等"愚夫愚妇"容易接受的艺术形式，来达成心学的传播。而这也是王阳明本人所坚持的"亲民论"的具体体现。他生前曾批评弟子以高姿态去教人，结果把人都吓跑了："你们拿一个圣人去与人讲学，人见圣人来，都怕走了，如何讲得行。须做得个愚夫愚妇，方可与人讲学。"

因而，在吴承恩的《西游记》中，到处可以见到"心"字。例如第一回，孙悟空寻访到须菩提祖师住处"灵台方寸山"时，李贽就批注指出："灵台方寸，心也。""一部《西游》，此是宗旨。"在"斜月三星洞"后，李贽又批道："斜月象一勾，三星象三点，也是心。言学仙不必在远，只在此心。"而书中的孙悟空，热爱自由，睥睨权威，敢作敢为，在中国古典小说史中也属于横空出世的艺术形象。这些无疑都是心学理念的折射。

王阳明生前曾说，他的良知之说，是从百死千难中得来的。也正是如此，才越发彰显他的学说的生命力。一直到明末，他的心学塑造了整整一个时代。

3. 知行合一的现实意义

"人须在事上磨炼做功夫，乃有益。若只好静，遇事便乱，终无长进。那静时功夫亦差似收敛，而实放溺也。"就是说，人必须在事上磨炼，在事上用功才会有帮助。若只爱静，遇事就会慌乱，始终不会有进步。那静时的功夫，表面看是收敛，实际上却是放纵沉沦。人生就是一场修行，一切困苦与如意，皆是磨砺。唯有靠世间种种难处的磨、乱心才能得以调伏，磨到最后，就是境界现前。天行健，君子大可自强不息，全心入世，只要能够做到厚德载物，便不会入歧途，而成就自己与世间的事业。

所谓"玉不琢不成器"，人只有在逆境中磨炼才会有所成就，这就是在事上磨炼的含义。它要求人们在克服困难的过程中，统筹自身经验智慧，超越自我。那么，在人生长河中，我们该如何超越"事上用功"，真正在心上实现"垂直攀登"呢？

首先，是认知层面的改变。我们要有认知学习与成长且在心上着力，这样一旦碰到了磨难或挫折才有可能反求诸已，汲取教训，实现成长。其次，我们要通过"深度反省"的工具来切入。无论是在学习、工作，还是生活中的过错，只有我们去深度反省这些事件背后的起心动念，才能引导自己到好的方面，这样才有可能有大的成长与突破。最后，是持续做"明心净心"的修炼。只有我们在心上用功，把自己的不明与贪欲都去除，以更高层面之心为心，逐渐提升心的层面，才有可能主宰越来越好的行为作用，同时也收获越来越好的反作用，成就更高层面的成功。

人生就是接受一次又一次挑战，一次又一次蜕变，依附于他人的是弱者。真正勇敢的人能够直面人生，直面自己，正视人生的缺憾，决不气馁，勇往直前，成功和幸福只属于勇敢和努力的人。凤凰涅槃，毁灭重生；破茧成蝶，不断超越，最终你会遇见最美的自己，达到"此心光明"的境界。

7.7 小　结

本章介绍了用例法、使用场景说明及用例法的使用过程。用例法是一种非常重要的用户需求收集整理方法。在实际工作中，软件需求分析师可以以用例法为框架，在探索用例的过程中，选用第6章介绍的各种需求获取方法执行获取，形成用例图及各种使用场景。

　　用户需求获取既不同于业务需求的定义（需要深刻的洞察力），也不同于功能需求的分析（需要清晰的逻辑能力），需求获取活动面对的是一个庞杂的信息收集过程。在这个过程中，软件需求分析师不仅要面对态度各异的用户，还要同步学习业务知识，了解业务活动。因此，在执行用户需求的获取、收集及整理的过程中，我们一定要秉承"知行合一"的原则，在事中练习，在事中磨炼。

7.8 习　题

1. 什么是场景？什么是用例？
2. 用例和场景的主要作用是什么？
3. 使用场景有哪些基本要素？请逐一对它们进行描述。
4. 用例图中有哪些基本元素？请逐一对它们进行描述。
5. 简述用例法的使用过程。

第 7 章　习题答案

内容提要

在开发软件需求的过程中，我们还需要留意业务规则和非功能需求，并将其融入软件需求规格说明。开发完成的软件若没有遵循业务规则，则软件可能无法使用；若不能满足非功能需求，则软件可能非常难用。

学习目标

- 能辨别：用户需求中包含的业务规则
- 能解析：用户需求中的各种非功能需求
- 能记录：各种业务规则及非功能需求

8.1　从一起事故说起

8.1.1　乌柏林根空难

2002 年 7 月 1 日，俄罗斯莫斯科多莫杰多沃国际机场，一架隶属于巴什基尔航空公司的图波列夫 TU-154M 型客机正在进行起飞前的准备工作，该机将要执飞的是从莫斯科多莫杰多沃国际机场飞往西班牙巴塞罗那机场的 BTC2937 航班。

执飞 BTC2937 航班的机长为时年 52 岁、在俄罗斯民航和巴什基尔航空公司服务超过 30 年的资深飞行员 Alexander Gloss（亚历山大·格洛斯），他拥有 12 070 h 的飞行经验；坐在副驾驶席位上的是时任巴什基尔航空公司总飞行师的 Areg Gregory（阿雷格·格里高利），时年 40 岁，却已经是一名拥有 8 500 h 飞行经验的资深机长。当时正值一年一度的巴什基尔航空公司机长考评，格里高利此行是负责考评格洛斯机长的驾驶技能。副驾驶为时年 41 岁、拥有 7 900 h 飞行经验、正在进行机长升格考试的 Murat Iqilov（穆拉特·伊奇洛夫），因为原本属于他的位置被格里高利占了，因此他只能坐在后部观察座上；领航员为时年 50 岁的谢尔盖·卡尔洛夫；飞航工程师为时年 37 岁的 Oleg Walif（奥列格·瓦力夫）。可以说，这是一套很不错的机组阵容。按照分工，由格洛斯机长负责操纵飞机，格里高利机长负责考评左座机长操纵规范和对地联络，伊奇洛夫副驾驶负责监视仪表，卡尔洛夫领航员负责标定航线，瓦力夫飞航工程师负责控制油门。

莫斯科当地时间 20 时 48 分，BTC2937 航班获准起飞，起飞后，该机航向西南，飞往西班牙方向。如果一切顺利，该航班将在 4.2 h 后抵达 3 000 多千米外的巴塞罗那。

BTC2937 航班起飞两个多小时后，位于意大利北部伦巴第大区的贝加莫国际机场，一架隶属于 DHL 货运航空公司的波音 757-200PF 全货机也在 23 时 06 分获准起飞，该机执飞的是从贝加莫国际机场飞往比利时布鲁塞尔国际机场的 DHX611 航班。DHX611 航班上只有两名机组人员，分别是来自英国的时年 47 岁的机长 Paul Phillips（保罗·菲利普斯）和来自加拿大的时年 34 岁的副驾驶 Brandt Campioni（布兰特·坎皮奥尼）。前者拥有 11 942 h 的飞行经验，后者则有 6 604 h 的飞行经验。按照两人的分工，机长菲利普斯负责前半段航程，副驾驶坎皮奥尼负责后半段航程。

从航线（如图 8-1 所示）上看，BTC2937 航班和 DHX611 航班的航线在瑞士境内交叉，这块隶属于瑞士苏黎世区管中心管制（管制服务外包给了瑞士航空导航服务公司）的空域是欧洲最繁忙的空域之一。不过当时是深夜，除红眼航班以外已经过了高峰期和拥堵期，航管中心内的气氛轻松了不少。22 时整，时年 35 岁、拥有 8 年管制员资历、出生在荷兰、值夜班的丹麦籍航管员 Peter Nelson（皮特·尼尔森）从早班同事手中接管了管制权，当时管制室内只有两名管制员在值班，但该管制区域囊括了德国西南部和瑞士东北部的广大空域，要是在白天的高峰期，两名管制员是远远不够的，但当时空域内的航班数量并不多，两名管制员应付绰绰有余。

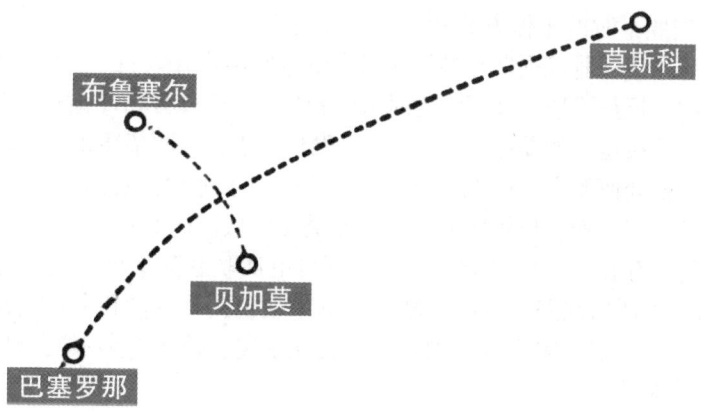

图 8-1 两驾飞机的航线示意

也许是因为当时空域内的航班数量确实很少，因此另一名已经工作了许久的航管员决定去睡一会儿，让刚接班、精力充沛的尼尔森一个人管理两个雷达显示屏（两个显示屏相距1 m）的管制任务。这在当时是司空见惯的事情，虽然违规，但没有一个人对此有异议，已经成为约定俗成的"潜规则"。

22 时 11 分，两名雷达工程师进入控制室，他们按照工作计划趁着空中飞机少的档口对雷达系统进行例行的不停机维护。虽说是不停机维护，但是在维护过程中雷达屏幕反应会变得很慢，对引导飞机防止空中相撞而设置的 2 min 目视警报系统在维护期间也将停摆。另外，主通话系统也将在雷达维护期间被关闭，尼尔森被迫启用备用通话系统来与空中的机组通话，殊不知备用通话系统无论在通话质量还是频率通道上都不能和主通话系统相提并论，这就为后来的引导失误埋下了伏笔。

23 时整过后，从德国飞来的 BTC2937 航班和从意大利飞来的 DHX611 航班先后飞入苏黎世航管中心所管辖的空域，首先呼叫苏黎世的是 DHX611 航班，此时驾驶飞机的是副驾驶坎皮奥尼，而机长菲利普斯则负责对地联络。

处于爬升阶段的 DHX611 航班，请求升至 360 空层（36 000 英尺，约合 11 000 m），航管员尼尔森同意爬升至 360 空层。而他们不知道的是：刚飞入苏黎世管区，还没建立联系的 BTC2937 航班此时的飞行高度正是 360 空层。不过两架飞机目前距离尚远，彼此不能形成威胁。

在 BTC2937 航班呼叫苏黎世之前，尼尔森的助理交给他一条新的飞行记录条，上面写着劳达航空 1135 航班正准备飞越腓德列斯哈芬，请求引导。这导致尼尔森在接下来的 5 min 里一直忙于引导劳达 1135 和泰航 933 两班飞机，两架飞机分别位于不同的雷达显示屏上，这让尼尔森不得不在两个显示屏之间来回管理。疲于奔命的尼尔森试图联系腓德列斯哈芬机场塔台，希望他们接管劳达 1135 航班的引导，但因为电话无人接听，尼尔森只能继续勉为其难地引导劳达 1135 航班。当 BTC2937 航班机组开始联系苏黎世管区时，尼尔森根本分身乏术，无暇接听。当呼叫传来时，尼尔森不得不要求劳达 1135 航班机组暂停通话，挤出片刻时间去管理 BTC2937 航班。

然而，在和 BTC2937 航班进行通信的过程中，泰航 933 机组人员再次呼叫。尼尔森只好先引导泰航 933 联络慕尼黑区管，以便让他有时间引导 BTC2937。刚把泰航 933 送走，劳达 1135 机组再次呼叫。

平时经验丰富的尼尔森处理上述情况绝对游刃有余，但是他忽略了当晚的特殊情况——

雷达正在维修，要比平时迟钝，这对他的空情信息掌握带来极大的麻烦。不过他显然没有意识到这点，依然按照平时的工作方式和节奏按部就班。

尼尔森再次试图拨通腓德列斯哈芬机场塔台请他们接管劳达1135，拨了两次不通后，又让他的助理拨了一次，还是不通。殊不知此时 BTC2937 航班和 DHX611 航班之间正以1 300 km 的相对时速一点一点地接近。如果在 3 min 之内不做规避措施，两架飞机将在空中相撞。而此时的尼尔森还正在烦恼如何抛出劳达1135 航班的引导权，根本没注意到 BTC2937 航班。

不过，位于德国卡尔斯鲁厄管区的值班管制员突然从雷达上发现 BTC2937 航班和 DHX611 航班正在交叉航行，存在撞机的可能，立刻试图打电话联系苏黎世，但电话却打不通，因为雷达检修的原因，主通信线路被暂时切断了，其中就包括苏黎世和卡尔斯鲁厄两个管区之间的专线电话。他束手无策，因为按照国际空中交通规定，他不能和不属于自己管区范围内的飞机机组进行直接对话。

与此同时，BTC2937 航班的驾驶舱内，空中防撞系统（Traffic Collision Avoidance System，TCAS）显示同一空层有一架飞机。但该系统只能显示对方飞机的航线和本机有冲突而不能显示对方飞机所在的空层，因此驾驶舱内的机组人员无法确认来机是否和本机位于同一高度。此时他们并不担心，因为一旦确认位于同一高度，TCAS 会告知他们应该是下降高度还是上升高度。

与此同时，在 DHX611 航班驾驶舱内，副驾驶坎皮奥尼离开驾驶舱，菲利普斯机长像平常一样看着处在自动驾驶状态的仪表，因为该机的 TCAS 还没有任何反应（DHX611 航班的 TCAS 还是出厂时候安装的老版本，探测距离不如 BTC2937 航班上后来加装的较新版本 TCAS）。

在 BTC2937 航班的驾驶舱内，5 个机组成员依然焦虑地望着快速逼近的代表 DHX611 的光标，讨论着它到底是在本机上方还是下方或是同一高度。此时 DHX611 航班驾驶舱内的 TCAS 终于有反应了，回到驾驶舱的坎皮奥尼副驾驶发现 TCAS 提示他们下降高度。他们来不及辨别，迅速遵从了 TCAS 的指令，断开自动驾驶仪，手动推杆紧急下降。

此时，航管员尼尔森终于发现了情况不对，立即给 BTC2937 航班下达指令，但要求他们下降高度，而不是上升高度。可是，这时 BTC2937 航班的 TCAS 要求上升高度。这让 BTC2937 航班的机组成员十分困惑，因为这是两条完全相反的指令。

面对航管员尼尔森急迫的指令，BTC2937 航班格里高利机长决定下降高度，并回复了尼尔森。尼尔森认为两架飞机不会发生碰撞，就将注意力继续放到引导劳达1135 航班上了，然而他不知道的是：DHX611 航班机组遵照 TCAS 的指示自行下降了高度。

此时两架飞机仍在继续飞行。终于，两架飞机在目视距离相互看到了对方，但已经太晚了，距离他们相撞只剩下短短的 3.8 s。格洛斯机长和格里高利机长本能地将操纵杆拉到最大，瓦力夫飞航工程师也迅速将油门推至最大，BTC2937 航班在三台索洛维耶夫 D-30KU 涡轮风扇发动机的推力轰鸣下开始爬升。事后飞行数据显示，DHX611 在撞击前 8 s，下降率最终达到 730 m/min。

一切为时已晚！德国当地时间 23 时 35 分，在德国南部康斯坦茨湖畔邻瑞士城市乌伯林根上空约 33 000 英尺（10 068 m）的高度，两驾飞机相撞，所有人员无一生还。

8.1.2 教　训

这起空难成为二战后德国境内航空史上伤亡最惨重的空中撞机事件。事故的调查由德国

联邦航空事故调查局负责主持，调查组在开始调查的时候是带着巨大的疑问的，因为按照常规，飞机的 TCAS 具有安全处理功能，如果发出警报后机组成员没有反应，TCAS 会自动发出反向飞行的命令。特别地，如果 TCAS 发现和另一架飞机处于相撞航线上，就会指示飞机反向飞行。这一次为什么例外？

经过对 TCAS 的反复测试，调查组了解到该系统当时在设计上存在一个大漏洞——只有两架飞机的相对高度差不超过 30 m，TCAS 中的反向飞行指令才会被发出。但经过对两架飞机飞行数据的对比，当时这两架飞机不具备这个条件。

这次事故的关键问题在于，如果 TCAS 和空管在指令上出现矛盾，飞行员该听谁的？虽然各国航空公司在这方面都没有对机组做出硬性规定，但是西方国家的飞行员在培训的时候一般被要求服从 TCAS 指示，而在非西方国家的机组成员主要是靠人力进行判断，或者说更加依赖于地面引导。然而，在民航业内人士看来，到底是听从地面引导指令还是听从机载系统的指令是一个无解的问题，因为一方能举出多少不听从 TCAS 指示而导致的坠机事故，另一方就能举出相同数目的坠机事故。

该事件导致航空业呼吁国际民航组织采取行动，给予指导性意见，避免此类事件的再次发生。国际民航组织的反应是沉默，觉得没必要卷进去。

经过 22 个月的调查后，德国联邦航空事故调查局于 2004 年 5 月公布了事故调查结果。报告将乌柏林根空难的原因归结于两点：当时苏黎世航管中心控制室内只有 1 名管制员值班，同时处理好几架航班的空情，明显手忙脚乱分身乏术，又因为当天雷达维修，主通信系统被切断导致指挥调度信息感知严重滞后，直到注意情况不对时为时已晚，报告指责了苏黎世航管中心不该只让 1 名管制员独自值班；BTC2937 航班的机组成员不顾 TCAS 的提示，听从了苏黎世空管的错误指令，最终导致两架飞机在空中相撞。

国际民航组织随后向世界各国航空公司发出了建议：一旦 TCAS 发出警报，飞行员应该立即听从 TCAS 的指挥。

从上述的例子中，我们能看到业务规则（如空管中心值班人数设置、互斥指令优先级）以及非功能需求（如 TCAS 相反飞行指令出发的相对高度差）的重要性。如果空管中心值班人手足够、机组遵循指令有明确的规则、TCAS 相对高度差设置再大一些，或许这起事故可以避免。

8.2 业务规则

每个组织的运营都要遵守很多政策、法规及行业标准。这样的控制原则统称为业务规则。业务规则通常通过人工政策、业务流程来保证，同时，待开发的软件应用也需要遵循或实现这些规则。

8.2.1 业务规则概述

业务规则是业务的属性，所以其本身并不是软件需求。然而，和系统相关的业务规则必须收集，因为它们决定着系统必须具备哪些属性才能合乎规范。业务规则一般是通过人工政策、业务流程及软件应用来实施的。

业务规则不同于业务需求，业务需求通常描述组织期望的产出或概要目标。业务规则也不同于业务活动，业务活动描述从输入到输出的一系列活动。业务规则通过建立词汇表、施加限制、触发行为或监控运算过程等方式影响业务过程。同一个业务规则可能在多处应用，因此最好把业务规则当作一组独立的信息。

组织的业务规则应该作为珍贵的核心资产。组织中有些部门可能会以文档的形式记录自己的规则，但组织整体却很少统一安排人员记录业务规则并将其存放在共享知识库中供整个组织查看。这就导致了软件需求分析师要格外注意对业务规则的收集。

值得注意的是，软件需求分析师在收集业务规则时，应该识别和记录与系统有关的业务规则，并将其与特定的需求建立联系，如图 8-2 所示。

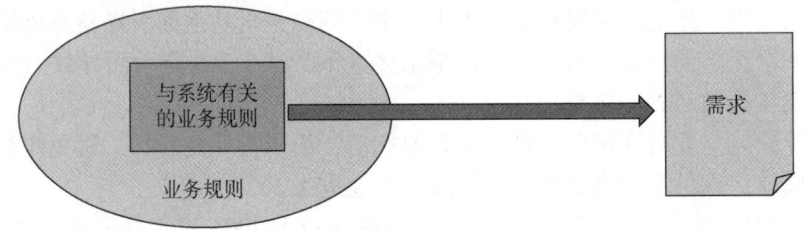

图 8-2　与系统有关的业务规则

8.2.2　业务规则分类与示例

业务规则包括事实、约束、触发、推理及运算。

事实就是业务在某个特定时间点简单而正确的陈述。事实描述重要业务术语之间的关系。系统中涉及重要数据实体的事实一般出现在数据模型中，如实体关系图。软件需求分析师应该在项目范围之内收集事实，并将事实联系到特定的用户需求。

约束描述的是限制系统或其用户可执行的行为。这类业务规则形如：某个行为必须、禁止或不得执行；某些人或角色可以执行特定的行为。约束包括组织政策、政府法规及行业标准。组织政策是组织内部设定的规定，例如，图书馆规定图书的借阅期最长为 3 个月；银行规定不得向未满 18 周岁的个人提供贷款。政府法规是由政府颁布的法律法规、条例等，例如，我国为了保证股票市场的稳定，防止过度投机，对于证券交易的方式采用的是 T+1 模式，如下所示。

行业标准是为了在某个行业范围内统一技术要求所制定的标准。例如，纺织行业的《国家纺织产品基本安全技术规范》。

T+1 模式

我国上海证券交易所和深圳证券交易所对股票和基金交易实施"T+1"的交易方式，中国股市实行"T+1"交易制度，即当日买进的股票，要到下一个交易日才能卖出。T+1 本质上是证券交易交收方式，使用的对象有 A 股、基金、债券、回购交易。T+1 指达成交易后，相应的证券交割与资金交收在成交日的下一个营业日（（T+1）日）完成。

通俗地讲，投资者当天买入的股票或基金不能在当天卖出，需待第二天进行交割过户后方可卖出；投资者当天卖出的股票或基金，其资金需等到第二天才能提出。

一种常见的约束类型的业务规则设定了哪些类型的用户可以执行哪些功能，可以使用角色与权限矩阵清晰地表示。例如，表8-1给出了一个图书管理系统的角色与权限矩阵，其中，"○"表示所在列的角色可以执行所在行的功能。

表8-1 图书管理系统的角色与权限矩阵

功能	角色			
	管理员	管理助理	志愿者	读者
登录系统	○	○		
登记新助理	○			
打印借书条	○	○		
查看读者记录	○	○		○
编辑读者记录	○	○		
办理借阅卡	○	○		
搜索图书目录	○	○	○	○
借出图书	○			
归还图书	○	○	○	
预约图书	○	○	○	○

触发是在特定条件满足时触发某些活动的规则。触发可能会对软件提出一些功能要求，使系统探测到触发事件时表现出正确的行为。目前，商业网站购物系统已经广泛引入了触发规则。例如，图8-3所示是在一个商业网站中，将选中的5号电池放入购物车后，购物系统自动触发推荐商品电压测试器及7号电池。

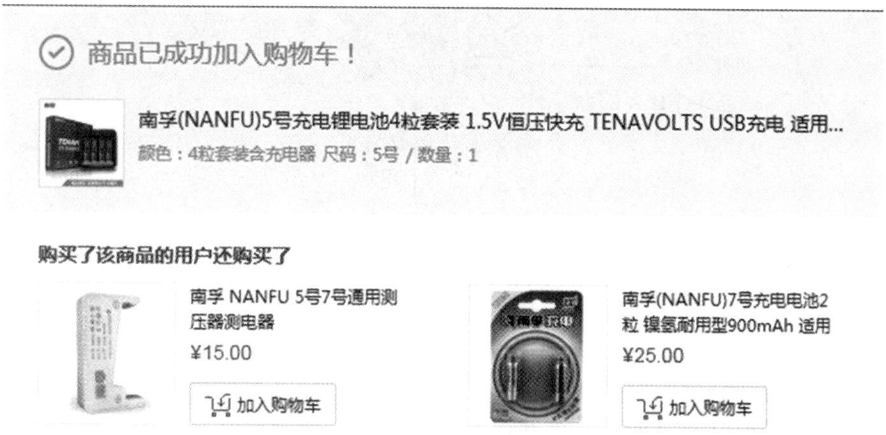

✓ 商品已成功加入购物车！

南孚(NANFU)5号充电锂电池4粒套装 1.5V恒压快充 TENAVOLTS USB充电 适用...
颜色：4粒套装含充电器 尺码：5号 / 数量：1

购买了该商品的用户还购买了

南孚 NANFU 5号7号通用测压器测电器
¥15.00
🛒 加入购物车

南孚(NANFU)7号充电电池2粒 镍氢耐用型900mAh 适用
¥25.00
🛒 加入购物车

图8-3 商业网站购物系统的触发规则

在另一些场合，触发规则可以纠正用户的错误输入，从而规范化输入。例如，在软件系统或网页页面文本框中输入文字，当字数超出或有非法字符时，可以触发提示，引导用户纠正。需要注意的是，在这种情形下，提示非常重要，否则用户不知道如何纠正而无法进入下一步。

推理也称为推断的知识或派生的事实，通常是指从已知的事实中产生新的事实。推理也常用"如果……，那么……"的句型来描述，不过推理中后半部分描述的是知识性的信息，而不是要执行的动作。例如，现代软件系统在需要个人信息时，一般都只要求输入出生日期，而不要求输入年龄。当需要年龄信息时，系统会根据当前时间自动推理。

最后一类业务规则是运算，它是指通过使用特定的数学公式或算法将已知的数据加工为新的数据。运算业务规则可以用文字描述，也可以用表格或决策树表示。

8.2.3　挖掘业务规则

若直接请用户列出业务规则，则其对习以为常的规则可能无视，对不常用到的规则可能忽略。业务规则通常伴随着用户需求，特别是在使用场景、业务流程中。因此，有时候它们会在需求讨论中自动浮现，有时候需要用户主动捕获它们。

图 8-4 给出了业务规则的一些来源，在执行用户需求获取时，这些业务规则的来源应该被逐一梳理。首先，在系统外部，检查有无政策法规需要遵守。其次，检查所有事件及系统状态，在同一个系统状态下，哪些事件必须发生，哪些事件不能发生，这里可以使用状态转换图。再次，观察系统中的对象，考察什么会改变对象的状态。最后，确定和用户交流系统中的数据运算有什么要求。

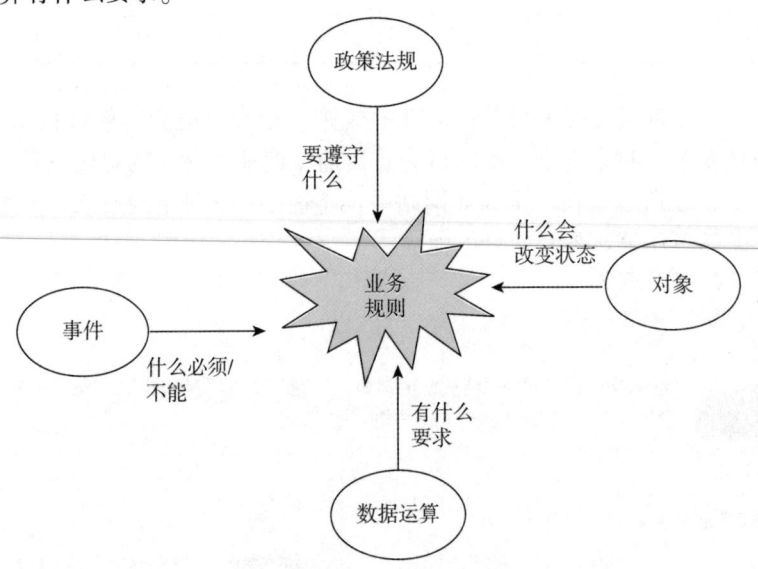

图 8-4　业务规则的一些来源

在整理业务规则时要遵循原子化的原则。例如，在和图书管理员交流后，得到了如下一条借阅规则：读者可以借一周，并且在没有其他读者续借的情况下续借 2 次，每次 3 天。像这样的组合业务规则难以处理和维护。一个较好的策略是在原子级别记录业务规则，这样可以使规则简明扼要，还有利于规则的重用、修改及任意组合。切记，记录业务规则时要适当拆分，最好不要出现"或者"及"并且"等类似词汇。

业务规则可能影响多个应用系统，或者一个应用系统的多个功能。因此，组织应该把自己的业务规则视为企业级的资产进行管理，最简单的方式是采用一个业务规则目录，如表8-2 所示。

表 8-2　业务规则目录

ID	定义	类型	来源
RB-1	读者可以借阅 1 周	约束	图书管理员
RB-2	读者可以续借 2 次	约束	图书管理员
……	……	……	……
RP-1	超期后，按每日 0.1 元计费	运算	管理制度

表 8-2 中的第一列标明了规则的标识符；第二列对规则进行了定义；第三列指明了规则的类型；最后一列给出了规则的来源。

8.3　非功能需求

软件的非功能需求也称为软件的质量属性。质量方面的属性能够区分一个产品是只简单地实现了它应该有的功能，还是可称之为一款优秀的产品。

软件的质量属性包括几十个方面，然而，对于特定的项目只考虑其中一小部分即可。软件的质量属性可以分为两类：对用户而言，软件能够表现出来的属性是其外部质量属性；对开发人员和维护人员而言，软件没有直观显现出来的属性是其内部质量属性。下面我们分别进行阐述。

8.3.1　软件外部的非功能需求

从用户角度观察，软件有十大外部质量属性，如表 8-3 所示。下面逐一介绍。

表 8-3　软件的外部质量属性

外部质量属性	简要描述
可用性	系统的服务能被有效访问的程度
可安装性	安装、卸载、修补系统的难易程度
完整性	系统数据错误及丢失的程度
互操作性	与其他系统互联或进行数据交换的难易程度
性能	系统响应用户及外部事件的快慢
可靠性	故障发生之前，系统正常运行的时间
健壮性	系统对非预期操作的弹性
安全性	系统对破坏性操作的抵御能力
防护性	系统能否有效阻止未授权的访问
易用性	学习、使用系统的难易程度

可用性衡量系统的服务能被有效访问的程度，一般用启动系统后，能正常使用的时长除以总的时长，即"可用时长/全部时长"来衡量。例如，12306在线购票系统的可用性大约是75%，因为每天上午0—6点，购票系统处于维护状态。对于可用性，我们需要关注以下三个问题：系统不可用时，业务的后果是什么？维护期间，如何处理用户需求？系统不可用，需要告知用户吗？

可安装性指的是系统安装、卸载、修补的难易程度，一般用系统安装的平均时间来衡量。在软件开发完成后，制作安装程序时需要考虑下列问题：正式安装前，应提示用户关闭相关应用，如旧版本的软件、杀毒软件等；正式安装前，应检查安装包的完整性，如进行ISO校验；应该进行安装组件及支撑环境的确认，如设置合适的make check命令；安装完成后，应考虑重启系统，删除中间生成的文件等；安装失败后的处理；安装权限的配置。

完整性表示系统数据错误及丢失的程度，主要在于防止信息丢失、保证数据正确。其中要注意检查介质是否损坏，数据格式是否正确，属性的取值是否正确、是否有缺省，以及数据的一致性。

互操作性表示系统与其他系统互联及进行数据交换的难易程度。可以考虑的事项包括：系统能够识别什么文件、系统能够导出什么文件、系统是否可以调用其他系统的接口、系统对外提供的接口是什么、系统满足什么协议。

性能属性包括响应时间、吞吐量、数据容量、可预测性、延迟性及过载行为模式等性能指标。对性能的设定深刻影响着系统的实现方式。例如，火车票在线购票系统12306就经历过数次的性能改进，如下所示。

12306火车票在线购票系统的性能升级

1. 12306之现实和理想的差距

要论网站的访问量，12306绝对是名列前茅。也正因为如此，12306上线之初，没有赢得社会预期的好评，而是得到了一片吐槽，由于铁路部门低估了网站的访问量，没有做好完善的网站性能方案，导致12306网站频频超过负载能力，高峰期买不到票，甚至挤不进去，让我们不敢相信这是花了3亿元打造出来的售票网站。

2. 对比之下

体验到了12306买票的艰辛，自然有人开始产生疑问，为什么在购物网站上买东西那么容易呢？其访问量也是巨大的。12306也意识到了这个问题，在系统性能、效率等方面做了改进，但是与购物网站不同的是，12306的库存管理更为复杂。购物网站每个商品的库存是独立的，而且是唯一的。12306则不同，每一趟车的每个经停点都有可能成为旅客的始发站，而且12306有全国上千个车站同时售票，必须保证车票数量的同步，这个难度是可想而知的。

3. 12306的转折点："云"

在12306的访问量中，余票查询系统请求次数最多，占据了整个访问量的70%以上，尤其是在抢票软件出现后，抢票服务器不停地向12306请求余票数量。于是在2011年，12306引进了云计算服务，搭建了一个"两地三中心"（铁路总公司数据中心、铁科院数据中心和阿里云）混合云架构，将大部分余票查询流量引导到阿里云提供查询服务。

混合云的这种方式不仅让12306避免了因为高并发的流量冲击导致宕机；还避免了敏感性资料的泄露，保护了用户的数据安全。同时，混合云架构提高了12306的容灾能力。

4. 资源整合：分布式内存数据平台

Pivotal GemFire（以下简称 GemFire）分布式内存计算平台是通过云计算平台技术，将诸多 X86 服务器内存集中起来，形成一个资源池，然后将全部数据加载到这个资源池中，进行内存计算。同时，为了提高灾备能力，GemFire 还在集群中保存了多份数据，这样当一个机器故障后，并不会影响整个系统的运行，也不会造成数据缺失。

12306 在经过 GemFire 改造后，能够通过客户业务逻辑性和数据关联性，将关联性强的数据放置到同一个服务器节点。在 2015 年，12306 进一步使用 GemFire 对系统进行升级，总共建立了 5 个 GemFire 集群，这不仅提升了系统性能，同时也保证了数据的安全。

无论是移动端还是 PC 端我们都能看到，12306 在经过几次技术的更迭后，已经实现了完美的蜕变。

可靠性表示故障发生之前，系统正常运行的时间，可以用正确完成操作所占的百分比表示。健壮性表示系统对非预期操作的弹性。为了保证可靠性与健壮性，在设计软件系统时需要考虑对非法输入的处理、连接出错时的处理、外部攻击的预防、异常的处理方式及缺省参数的处理。

安全性需求在于防止软件系统对人员造成伤害或对资产造成破坏。安全性需求可能由政府或组织内部进行规定。虽然纯软件系统不可能造成人员伤害，但是由软件操作的硬件或指导的操作却可能造成人员危害。例如，乌柏林根空难中的 TCAS。在工业控制场景下应用的软件系统，要特别注意安全性的要求。

防护性要求系统能够阻止对其功能或数据的非授权访问，保证软件免遭恶意攻击。防护性是一种事前预防布置，对于公共的开放式软件系统，如电子购物网站，提前的防护性设置非常重要。例如，阿里巴巴网站系统的防护性一直都非常坚韧，因为阿里集团非常重视这方面的工作，聘请了国内顶级的安全专家吴瀚清。下面对他进行简要的介绍。

安全专家吴瀚清

1985 年，吴瀚清出生在湖南长沙的一个高知家庭，父亲是一名医生，母亲是一名大学老师，吴瀚清是家中的独生子。身为知识分子，父母深知教育的重要性，所以他们非常重视儿子的启蒙教育，在吴瀚清三岁的时候，就开始教授其识字。

1997 年，吴瀚清考入湖南大学附属中学，进入初中后，他勤奋好学，刻苦钻研，因此成绩名列前茅。不过，相比其他学霸，吴瀚清的身上有一种"叛逆性"，那就是喜欢挑战，喜欢一切未知的东西。2000 年，15 岁的吴瀚清升入该校高中，也是在这一年，他报考了西安交通大学的少年班，最终通过层层选拔，在众多才子中脱颖而出，最终顺利被西安交通大学录取。进入少年班，吴瀚清选择了计算机专业。在他看来，这个专业既新颖又具挑战性，很值得学习。正好这一年，计算机出现了"千年虫危机"。怀着好奇和兴趣，吴瀚清开始学习计算机，没想到这一学，却是找到了真正的兴趣，那就是黑客技术，为此，他日夜钻研。即使父母时常批评吴瀚清，他也乐此不疲。从小到大，吴瀚清的自学能力都是极强的，对黑客技术的学习也是如此。

2005 年，20 岁的吴瀚清顺利毕业。此时，他看中了阿里巴巴集团（以下简称阿里）的发展前景，所以带着几分热忱，去了阿里。吴瀚清的面试简历自然是优秀的，不说他的少年班经历，就是他在如此小的年纪就创建了"幻影旅团"，也是让人钦佩的。最后面试官一致决定，由吴瀚清担任公司的高级安全专家，而且这份工作邀约在面试现场就被发放了。

　　此后实习了 6 个月，吴瀚清就正式成为阿里的一员了，他的工作内容是负责建设和维护阿里的安全系统，防止黑客攻击公司网络。2014 年 9 月，吴瀚清成为"云盾"的负责人。"盾"顾名思义，就是盾牌，起到网络防护作用，主要维护云平台、云网络环境等云上安全。当时"云盾"仅有 20 人，即使如此，吴瀚清也信心满满，他坚信自己会带领团队越走越好。

　　2015 年 9 月，阿里云发生了自建立以来最大的分布式拒绝服务（Distributed Denial of Service，DDoS）攻击，被称为 901 事件。身为"云盾"的负责人，30 岁的吴瀚清亲自带领团队抵御了这场风波，其峰值达 453.8 Gbit/s，攻击高达 5 亿次。

　　目前，吴瀚清还是阿里的一员，不过他已经活跃在人工智能领域了。对于吴瀚清而言，这是一个新的领域，他是一个喜欢挑战的人，所以此时的他依然保持着刚入行的热情和活力。

　　易用性表示用户学习、使用软件系统的难易程度。例如，开发中老年朋友使用的软件系统时，系统的字体要稍微大一些。软件系统的操作步骤是否有提示导引，软件系统是否有帮助子系统的辅助工具等，这些都影响着软件的易用性。

8.3.2　软件内部的非功能需求

　　表 8-4 列出了软件的内部质量属性。

表 8-4　软件的内部质量属性

内部质量属性	简要描述
有效性	系统使用计算机资源的效率
可修改性	维护、修改、重构系统的难易程度
可移植性	系统在其他操作环境中运行的难易程度
可重用性	系统的组件提取、再使用的程度
可扩展性	系统适应用户、服务、事务等扩展的难易程度
可验证性	对系统是否正确实现验证的便利程度

　　有效性与外部质量属性中的性能密切相关。有效性是系统对处理器性能、磁盘空间、内存或带宽使用的衡量指标。如果系统消耗太多的可用资源，势必导致其性能的下降。有效性的要求影响着系统构架的设计。下面是一些有效性的定义，例如：在内存使用量超过 80% 时，给管理员发消息；始终保持 CPU 的使用率在 70% 以下；系统最大允许 100 个并发操作。

　　可修改性指软件设计和软件代码能够被理解、修改、扩展的难易程度。如果预计将来有很多增强性修改、系统以迭代的方式实施开发，那么软件系统具有较高的可修改性至关重要。同时，良好的模块化设计，如高内聚低耦合的设计、为代码提供注释、制作说明文档等都能提升软件系统的可修改性。

　　可移植性指的是软件系统从一个操作环境移植到另一个操作环境的难易程度。操作环境包括硬件设备与基础软件系统。若曾安装过 Linux 操作系统，则会发现安装盘的某一个目录下有 i386、x86-64、arm、sparc 类似的子目录。这些子目录表示不同的 CPU 架构，具体介绍如下。Linux 安装盘把通用的系统软件部分与适用于不同处理器架构的系统软件部分分开放置，以达到在大多数硬件平台上都能方便安装的目的。CPU 架构的具体介绍如下。

CPU 架构

CPU 架构是 CPU 厂商给 CPU 产品制定的一个规范，主要目的是区分不同类型的CPU。目前市场上的 CPU 主要分为两大阵营，一个是以 intel、AMD 为首的复杂指令集CPU，另一个是以 IBM、ARM 为首的精简指令集 CPU。

X86 架构（The X86 Architecture）是微处理器执行的计算机语言指令集。X86 指令集是美国 Intel 公司为其第一块 16 位 CPU（i8086）专门开发的。X86 架构 CPU 的主要应用领域是个人计算机（Personal Computer，PC）、服务器等。在 PC 端市场，Wintel 组合（Windows 系统 + intel 处理器）占据了大部分江山，另外一部分由 AMD 占领。

ARM 架构，也称为进阶精简指令集机器（Advanced RISC Machine，更早称作 Acorn RISC Machine），是一个 32 位精简指令集（Reduced Instruction Set Computer，RISC）处理器架构。其广泛地使用在许多嵌入式系统上。由于节能的特点，ARM 处理器非常适用于移动通信领域。

MIPS 架构是世界上很流行的一种 RISC 处理器。MIPS 的意思是"无内部互锁流水级的微处理器"（Microprocessor without Interlocked Piped Stages），其机制是尽量利用软件方法避免流水线中的数据相关问题。它最早是在 20 世纪 80 年代初期由斯坦福大学 Hennessy 教授领导的研究小组研制出来的。

SPARC（Scalable Processor ARChitecture，可扩展处理器架构）是国际上流行的 RISC 处理器体系架构之一，其如今已发展成为一个开放的标准，任何机构或个人均可研究或开发基于 SPRAC 的产品，而无须交纳版权费。SPARC 具备精简指令集、支持 32 位/64 位指令精度、架构运行稳定、可扩展性优良、体系标准开放等特点。

PowerPC 也是一种 RISC 架构的中央处理器，其基本的设计源自国际商用机器公司（International Business Machines Corporation，IBM）的 IBM PowerPC 601 微处理器 POWER（Performance Optimized With Enhanced RISC）。《IBM Connect 电子报》2007 年 8 月号译为"增强 RISC 性能优化"架构。20 世纪 90 年代，IBM、Apple 和 Motorola 成功开发 PowerPC 芯片，并制造出基于 PowerPC 的多处理器计算机。PowerPC 架构的特点是可伸缩性好、方便灵活。

可重用性指将一个软件组件用于另外一个应用时所需要的工作量。可重用的软件必须模块化、文档齐全、不依赖于某一特定应用和操作环境并且具有一定的通用性。如果仔细观察，我们可以注意到在 Microsoft Office 系列的 Word、Excel 及 PowerPoint 中非常多的组件都实现了重用，如插入对象，各种字、句、段的设置等。

可扩展性指在不损害性能和正确性的前提下，系统可以适应更多用户、服务、事务的能力。可扩展性包括硬件和软件双重含义。硬件的可扩展性意味着采购更快的计算机、添加内存或磁盘、扩大网络带宽等。软件的可扩展性包括分布计算、数据压缩、算法优化及其他性能调优技术。

可验证性就是可测试性。如果产品含有复杂的算法和逻辑，或者功能点之间存在微妙的功能交叉关系，对可验证性进行设计就显得非常重要。例如，我们可以设定如下一些可验证性需求：为了调试，开发人员应该能够对计算模块进行配置，使其能够显示任一指定算法组的结果。同时，我们也可以设定增强可验证性的需求，如一个模块的最大循环嵌套不能超过10层。

8.3.3　探索非功能需求的方法

如上所述，软件的质量属性即非功能需求包含的内容非常多，我们当然希望系统任何时间都能正常访问、从不崩溃、总是正确、能抵御所有非法攻击且可移植可重用性非常优良。然而这只是美好的想法。软件的质量属性很难全部达到最优，甚至有些属性是此消彼长的关系。例如，为了保证安全性与防护性，势必要做检查，而这将损害系统的性能。

真实的情形是不同的项目需要一组不同的质量属性。那么现在的关键就是如何识别需要的软件质量属性。我们可以采用五步法完成这个任务，具体内容如下。

第一步，以一个广泛的分类为起点。我们可以以表 8-3、表 8-4 为考虑的起点。

第二步，精简列表。将项目各方面的干系人召集起来，一起评估哪些属性特别重要，把不适用于项目的质量属性排除。实际上，有些质量属性明显就在考虑范围之内，而有些质量属性则不在，所以只有少数几个质量属性需要认真考虑。

第三步，对属性进行排序。采用两两对比的方式对剩下的属性进行比较排序非常有效，可以采用 Brosseau 表实施这种排序。例如，对于第 7 章中提到的订单业务子系统，经过精简，剩下的属性包括可移植性、健壮性、互操作性、易用性、完整性，那么可以列出表8-5所示的订单业务子系统的 Brosseau 表。在该表中，两两比较属性时，采用"<"与"∧"两种符号，尖头指向优先级高的属性。完成两两比较之后，对每个属性清点所在行及所在列的尖头指向的数量，记录在"分值"列，数值越大表示优先级越高。例如，对于表 8-5 中的互操作性，有两个"∧"及一个"<"指向，故其优先级为3。

表 8-5　订单业务子系统的 Brosseau 表

分值	属性	可移植性	健壮性	互操作性	易用性	完整性
0	可移植性		∧	∧	∧	∧
2	健壮性			∧	<	∧
3	互操作性				<	∧
1	易用性					∧
4	完整性					

第四步，获取对每个属性的具体期望。这里的窍门是当用户谈到软件必须易用、运行快、容易修改的时候，马上要确定他们当时的具体想法。这样可以引导得出具体的软件质量需求。用户或许不知道如何回答"你需要什么样的交互性？"这样的专业问题，但是软件需求分析师如果问"你能想象一下这两个系统之间的数据交换吗？""哪些数据可能对方需要用到呢？""之前是怎么做到的？"这样的问题，用户或许更好回答。

第五步，具体指定结构良好的质量需求。过分抽象的质量需求，如"系统应该是高度可交互的"，没有任何实际意义。在记录质量需求时，请牢记 SMART 准则。

8.4　无规矩，不成方圆

1. 古代工具

有句古话是"不以规矩，不能成方圆"。现代人习惯把"规矩"放在一起作为一个词语，但在古代，规是规，矩是矩，它们分别是古人用来测量和画图的两种工具："矩"是一种标有刻度的折成直角的曲尺，而"规"是专门用来画圆的圆规。

规和矩在我国的发明和应用开始得很早，公元前15世纪的甲骨文中就有了"规"和"矩"二字。《史记》关于大禹治水的记载中，也有提到夏禹利用规和矩进行测量，规划治水方案的内容。

周代数学家商高曾总结了矩的多种使用方法："平矩以正绳，偃矩以望高，覆矩以测深，卧矩以知远。""平矩以正绳"是指把矩的一边水平放置，另一边靠在一条铅垂线上，就可以判定绳子是否垂直；"偃矩以望高"是指把矩的一边仰着放平，就可以测量高度；"覆矩以测深"是指把上述测高的矩颠倒过来，就可以测量深度；"卧矩以知远"是指把上述测高的矩平躺在地面上，就可以测出两地间的距离。简单来说，就是利用矩的不同摆法，根据勾股形对应成比例的关系，确定水平和垂直方向，以测量远处物体的高度、深度和距离。

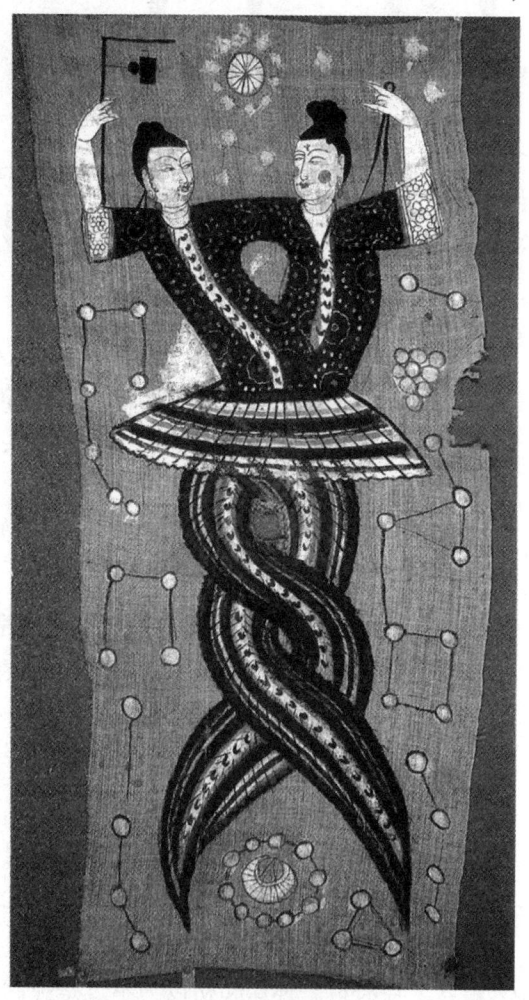

汉代以前的矩，曲尺的两臂是等长的，并且没有刻度；战国时期的矩，专门用来画直角；汉代以后的矩，曲尺的两臂一长一短，并且有了刻度，这时候的矩才演变成了几何测算工具。矩尺的两臂长短不同，更方便人们持握操作和查读数据。汉代砖石上雕画的众多神话人物中，可以看到手持矩的伏羲和手执规的女娲，如图8-5所示。

从古老的图像上来看，规的结构大致是具有两个平行的脚，其中一个脚用来固定圆心，另一个脚用来画圆。这种圆规和现代的木梁圆规很相似，一般用来画半径较大的圆。

中国古代非常重视对圆形和方形的研究，但是由于受到当时科学水平的限制，在实际应用中要想对圆做出准确的度量，并不是一件简

图8-5　伏羲女娲图

单的事。于是古人们转而想了一个方法：通过圆的内接正方形来表示和度量圆。

规（如图8-6所示）和矩（如图8-7所示）的使用，大大促进了我国古代几何学的发展。在与"矩"有关的记载中，最重要的命题就是勾股定理。勾股定理是我国早期数学史上重大的发现之一，《周髀算经》中就有"故折矩，以为勾广三，股修四，径隅五"的记载，意思是勾股形三边之比为3∶4∶5，这是一种形式比较特殊的勾股定理。此外，书中还提到了"环矩以为圆"的性质。

图8-6 规　　　　　　　　　　　　　　　图8-7 矩

规和矩的应用，使古人能精准地绘制出造型统一的几何形图案。正如我们今天看到的那些文物，就是因为工匠们巧妙使用了规和矩在器物上绘制出了点、线、圆形、弧形、方形、三角形等各种几何图案。

2. 心存敬畏，规矩行事

《明史》中记载：一日早朝，明太祖朱元璋问群臣，天下何人最快活？大家众说纷纭，或曰金榜题名者，或曰功成名就者，或曰富甲天下者，不一而足，却皆未获赞许，唯独大臣万钢回答"畏法度者快活"时，朱元璋点头称是，称其见解"甚独"，并说"人有所畏，则不敢妄为"。

敬畏，是一种人生态度，也是一种行为准则。心存敬畏，方能行有所止。"敬"是会意字，由"茍"和"攴"两部分组成。"茍"意为自我告诫、自我反省。"攴"意为敲击。《说文解字》中说："敬，肃也"，敬字本义为恭敬、端肃。畏的甲骨文字形像是鬼以手持杖。《说文解字》说："畏，恶也，从由，虎省，鬼头而虎爪，可畏也。"畏的本义为害怕、畏惧。

敬畏一词最早见于《管子·小匡》："故以耕则多粟，以仕则多贤，是以圣王敬畏戚农。"自此之后，敬畏便成了一种固定用法，用来指对人和事物心存崇敬尊重。敬畏虽然由敬与畏两种情感组成，却并非二者的简单组合。畏因敬而生，内心敬服，方能有所戒惧，从而约束规范言行。敬中有畏，畏中有敬，二者相融通，方能体现敬畏意识的真谛。

宋人李俊甫所撰《莆阳比事》中记载：北宋林遹居官清白，任职于泉州市舶司时，有人赠其十瓮海蜇。林遹起初以为不过是腌制的海产品，只能当小菜用，也不好意思拒绝，就勉强接受。过了一段时间，家人发现十个瓮中竟然全部装着白银。林遹知道后感叹道："昔人畏四知，予独畏一心"，急忙叫人将白银送还。林逵洞悉送礼者的居心，内省自己的贪心，而幡然醒悟，正是因为其心存敬畏，方能自省自警。

中国传统文化十分强调敬畏意识。孔子说："君子有三畏：畏天命，畏大人，畏圣人之言。"朱熹在《中庸注》中说："君子之心，常存敬畏。"明代张居正曾说："志成于惧，而荒于怠。"这里的惧并非害怕、戒惧，而是对人生的敬畏。明代吕坤亦有云："畏则不敢肆而德以成，无畏则从其所欲而及于祸。"意思是说，常怀敬畏则不敢放肆妄为，因此能修养德行；若无敬畏则随心所欲，从而招致灾祸及身。明朝清官鲁穆为官正直，被称为"鲁铁面"，初任都察院监察御史，出巡江北、两淮等地，所到之处，秉公执法，刚正无私。常州有一巨商，犯法当斩，其家人托鲁穆的一个亲戚向他馈金300镒，请求免去其死罪。鲁穆不为所动，斥责说情的亲戚道："你难道还不了解我吗？如果我真想靠做官发财又何必等到今日呢！"打发走亲戚后，鲁穆按原定刑罚对巨商予以处置。鲁穆所为，是对法律的敬畏，更是对手中权力的敬畏。正因为心存敬畏，因而能公正无私、正道直行。

3. 礼仪之邦

中国素有"礼仪之邦"的美誉，所谓"国有国法，家有家规；没有规矩，不成方圆"。规矩两字，也颇有深意。"规"字左边是"夫"，"矩"字左边是"矢"，"夫"和"矢"都是象形的"箭"。以"箭"设偏旁，意思很清楚。箭自然要有方向、有目标、有标准，且方向要正确，目标要准确，方能"矢志不移"。

"规"字右边是"见"，合在一起就是一个站着的人，头上长着极夸张的大眼睛，表示自己眼睁睁地监视监督。"矩"字右边是"巨"，即一个人手持量具在测量操作。汉字以形求义，规矩二字本意是讲"成"方圆的工具，引申则是讲规矩全靠应用践行才有意义。这说的是法则、规范、标准，即大家都要遵守的行为界线和约束。

张岱年先生曾说，"一个对本民族的历史与文化知之甚少的人，在精神上便缺乏一种归属感；一个对自己的传统不懂得继承发扬的民族，便无法自立于世界民族之林。"无论时代怎么变迁，有些老祖宗传下来的老规矩，应该融入炎黄子孙的血液。

8.5　小　结

本章通过一个例子引出了业务规则及质量属性。我们首先讨论了各类业务规则及其处理方法，然后介绍了软件的内、外部质量属性及探索质量属性的方法。业务规则及质量属性"规矩"了软件。正所谓"不以规矩，不能成方圆"，软件要想能用、好用，必须要由软件需求分析师和用户一起加以"规矩"。

> "不以规矩，不能成方圆"出自战国孟轲《孟子·离娄章句上》，孟子说："离娄之明，公输子之巧，不以规矩，不能成方员；师旷之聪，不以六律，不能正五音；尧舜之道，不以仁政，不能平治天下。"

8.6　习　题

1. 业务规则分为哪几类？请简要说明。
2. 需求处理中应该注意哪些非功能需求？
3. 如何发现非功能需求？

第 8 章　习题答案

第9章 软件需求规格说明

内容提要

在定义了业务需求，获取了用户需求之后，软件需求分析师可以开始执行需求分析，撰写软件需求规格说明。在实际的工作中，业务需求、用户需求、需求分析这些工作往往是交织在一起的，当软件需求分析师获取了一定的用户需求后就可以开始进行需求分析，撰写软件需求规格说明了。再获取、再分析、再撰写，循环执行，并不断验证，进行修正。

学习目标

- 能建模：系统的数据及功能
- 能图示：系统的模型，如数据流图、实体关系图等
- 能推断：软件需求（从用户需求中）
- 能撰写：软件需求规格说明
- 能评判：软件需求规格说明的质量并改进

9.1　数据建模

　　软件系统从特定的角度可以看作是一个数据处理系统：用户输入数据，系统处理数据、给出输出。例如，在购物网站输入需要的商品，系统返回商品列表；在订票网站输入时间、始终点，系统给出电子票据；通过传感器收集到数据后，工业控制系统按程序给出合适的反馈信号等。

　　因此，对于软件系统，我们先要厘清数据，然后梳理系统对数据的处理，即功能。软件需求分析师通过建模来分析系统的数据及功能。然而，系统建模不是目的，而是对软件系统数据及功能深入理解的方法。

　　本节我们将首先介绍数据建模的方法。

9.1.1　实体关系图与数据字典

　　业务中的实体及实体之间的关系，可以映射到软件中的数据与数据之间的关系。我们可以通过实体关系图进行建模。

　　实体（Entity）表示一个离散对象，可以是名词，如计算机、雇员、歌曲、数学定理。关系（Relationship）描述两个或更多实体相互如何关联，可以是动词，例如：在公司和计算机之间的拥有关系，在雇员和部门之间的管理关系，在演员和歌曲之间的演唱关系，在数学家和定理之间的证明关系。

　　实体绘制为矩形，关系绘制为菱形。实体和关系都可以有属性，如雇员实体可以有一个身份证属性，证明关系可以有一个日期属性。属性绘制为椭圆形，并通过一条实线与所属的实体或关系相连，如图 9-1 所示。

图 9-1　实体与关系

　　每个实体都必须有一个（组）属性可以标识这个实体集合里的不同实例，这个（组）属性称为实体的主键。实体关系图不展示实体或关系的单一实例，而展示实体集合和关系集合，如特定的歌曲是实体，而在数据库中所有歌曲的集合是一个实体集合。

　　在实体关系图中，实体与实体之间通过关系连接。例如，实体"演员"与实体"歌曲"之间通过关系"演唱"来连接。实体之间可以是一对一的关系，在连接它们关系的连线上分别标注 1；可以是一对多的关系，在连接它们关系的连线上分别标注 1 和 n；还可以是多对多的关系，在连接它们关系的连线上分别标注 m 和 n。

　　下面我们以第 7 章的订单业务子系统为例，绘制实体关系图。首先，客户、核算员、审核员、决策者及订单都可以作为实体，通过和用户的沟通了解到，一位客户可以提交多笔订单，一位审核员可以审核多笔订单，一位核算员可以核算多笔订单。一笔订单提交后，系统会在后台进行拆解，把订单里面相同的产品与其他订单里面相同的产品组合成一笔生产订单。决策者只看统计报表，报表中的数据来源于多笔订单，而订单也可以为不同的统计报表提供数据。有了上述的分析，订单业务子系统的实体关系图如图9-2所示。为了简化起见，所有实体及关系上的属性均未画出。

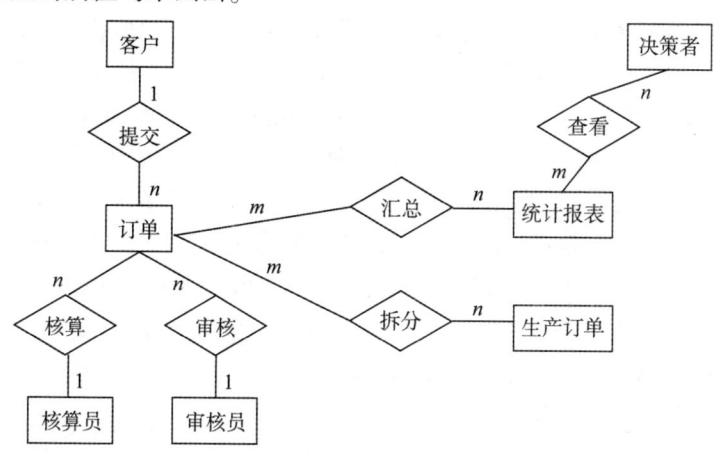

图9-2 订单业务子系统的实体关系图

数据字典是对数据模型中的数据对象描述的集合，将这些描述集合在一起有利于程序员和其他需要参考的人参考。当每个数据对象都给出了一个描述性的名字之后，再描述对象的数据类型（如是文本还是图像，或者是二进制数值），列出所有可能预先定义的数值，以及提供简单的文字性描述。这个集合一般被组织成表格的形式，称为数据字典。

当开发软件系统时，数据字典可以帮助理解数据项适合结构中的哪个地方，它可能包含什么数值，以及数据项表示现实世界中的什么含义。例如，对于订单业务子系统，我们对其中的一些数据对象在数据字典中做了表9-1所示的定义。

表9-1 数据字典

名称	类型	长度	小数位	注释
account	varchar	100	0	客户名称
auditor	varchar	100	0	审核员名称
order_id	number	13	0	订单，0开头，8位日期，4位序列号
crder_id	number	13	0	生产订单，1开头，8位日期，4位序列号

9.1.2 颜色建模

数据建模的另一种途径是抽象出系统中的类，形成类图。类图的一种升级描述形式是颜色建模。

类图由说明性的模型元素（包括类及它们之间的关系）组成。类图是最常用的 UML

图，显示出类、接口以及它们之间的静态结构和关系，用于描述系统的结构化设计。类图主要用在面向对象软件开发的分析和设计阶段，描述系统的静态结构。类图展现了所构建系统的所有实体、实体的内部结构以及实体之间的关系。类图中包含从用户的客观世界模型中抽象出来的类、类的内部结构和类与类之间的关系。类图用于描述系统中所包含的类以及它们之间的相互关系，帮助人们简化对系统的理解，它是系统分析和设计阶段的重要产物，也是系统编码和测试的重要模型依据。

在类图中，类是最基本的元素，表示一个具体的业务数据。类图用一个长方形表示，分别为类名、属性、方法三栏，如图 9-3（a）所示。我们在数据建模时，暂时不考虑方法。在 UML 规范中定义了类之间的很多关系，但是在数据建模中，常用的有四种。第一种是关联关系，表示一个类可以访问（用实心箭头指向）另一个类的属性及方法。关联关系的箭头也可以是双向的，表示两个类可以互相访问。第二种是继承关系，表示一个类继承了（用空心箭头指向）另一个类的属性及方法。第三种是聚合关系，表示整体和部分的关系，部分不能脱离整体而存在。例如，订单类和订单项类之间的关系。第四种是合成关系，表示整体和个体的关系。在这个关系中，个体组成了整体，但个体能够脱离整体而存在。例如，部门和员工之间的关系。这些关系如图 9-3（b）所示。

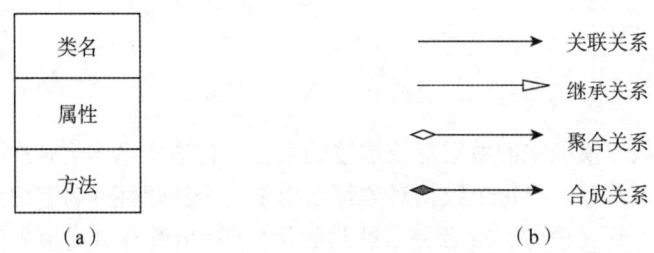

图 9-3　类图与类之间关系的表示

(a) 类图；(b) 类之间的关系

颜色建模法是由 Peter Coad 在类图建模法的基础上发展而来的。Peter 把类分成四种。第一种类表示过程数据，是在业务过程中出现的数据，这种类以红底色表示（由于印刷限制，我们在类的左上角标注 R）。第二种类表示实体数据（即当事人、地点、事务），实体数据基于过程数据进行操作或被操作，协助完成业务流程，这种类以绿底色表示（左上角标注 G）。第三种类表示角色（Role）数据，角色的定义与用例图中的角色一样，角色数据有时来源于实体数据，如员工包括各种角色，这种类以黄底色表示（左上角标注 Y）。第四种类表示描述（Description）数据，描述数据可以对前三种类进行描述说明，这种类以蓝底色表示（左上角标注 B）。图 9-4 所示为颜色建模的四种类。

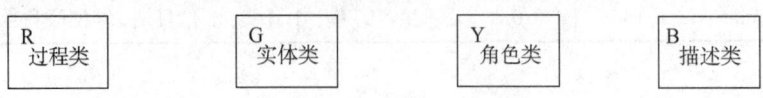

图 9-4　颜色建模的四种类

下面我们以第 7 章的订单业务子系统为例，演示颜色建模法，具体步骤如下。

（1）根据业务流程，找出其中的过程数据。订单业务子系统的核心是客户提交订单，因此，"订单"是过程数据。订单若有问题，审核员会指出，形成"反馈单"转给客户；订单由核算员将价格计算出来，形成"报价单"转给客户。当订单提交成功后，系统会把订单进行拆分再组合形成"生产订单"。这四张单据都属于过程数据。进一步分析可以得出，"反馈单""报价单""生产订单"都与"订单"有关联关系。通过上述分析，得到了图9-5所示的类图。

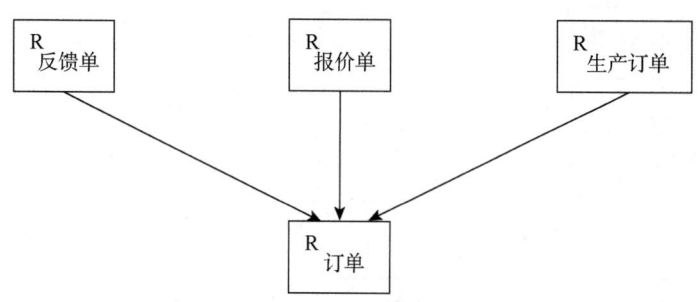

图 9-5   颜色建模第一步：识别过程数据

（2）分析订单业务子系统涉及哪些实体，也就是其中涉及的参与人、地点、物品、服务等元素。为了支撑订单业务子系统，订单的生成需要"产品库"提供品类信息，订单提交后需要进入"订单库"，同时拆分组合的生产订单也要进入"生产订单库"。参与系统业务的有外部的客户及内部的员工。这三个数据库及两类人员构成了实体数据。

进一步分析其中的关系，订单的生成依赖"产品库"的信息，而"订单库"应该可以访问被提交成功的订单。同样地，"生产订单库"应该可以访问生产订单的信息。外部客户是订单制定者，而内部员工负责反馈信息。通过上述分析，得到了图9-6所示的类图。

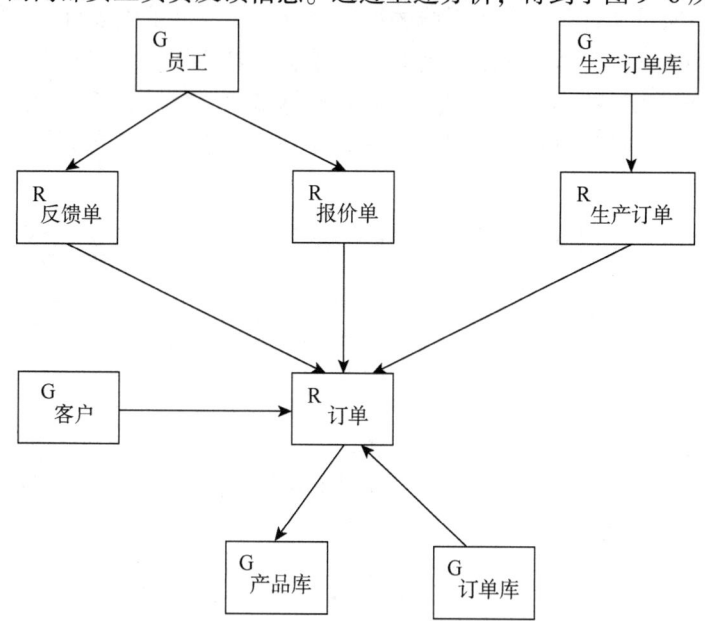

图 9-6   颜色建模第二步：识别实体数据

（3）分析实体数据中的哪些数据可以转化为角色数据，哪些数据可以派生出角色数据。这个比较简单，客户可以直接转化为角色数据，而员工可以派生出核算员与审核员（即后两者继承前者）。这样我们就得到了图9-7所示的类图。

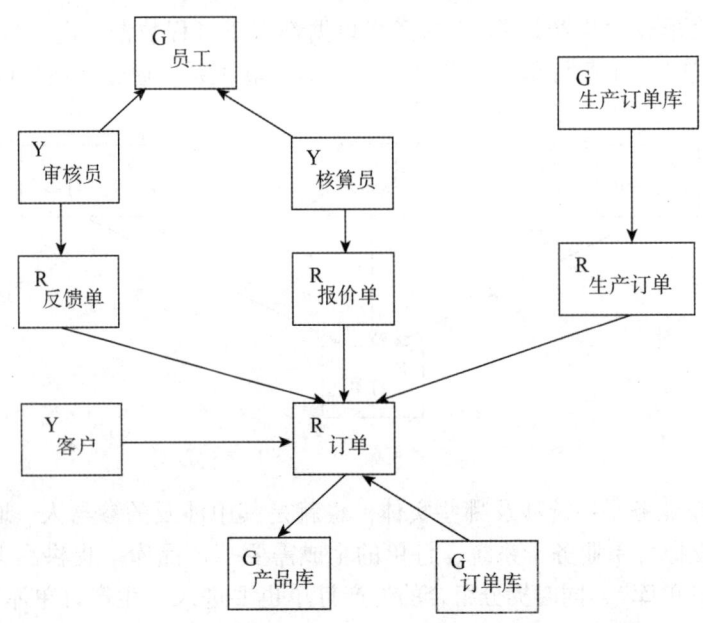

图9-7　颜色建模第三步：识别角色数据

（4）考虑订单业务子系统中的描述数据。这类数据用在两种场合，一是过程类、实体类、角色类实例需要额外的信息，可以在这些类旁边附上描述类；二是为这些类实例的构建配置规则。例如，通过和订单业务子系统的用户交流得知，订单生成后，其中的订购产品数据和其他数据（如客户信息等）是分开存储的。这样就产生了一个描述类"订购产品"，它和订单之间是聚合关系。我们还可以得知价格的核算依赖于客户的等级及订购产品的内容。这样，还应设置一个"核算规则"描述类。对订单业务子系统的颜色建模完成情况如图9-8所示。

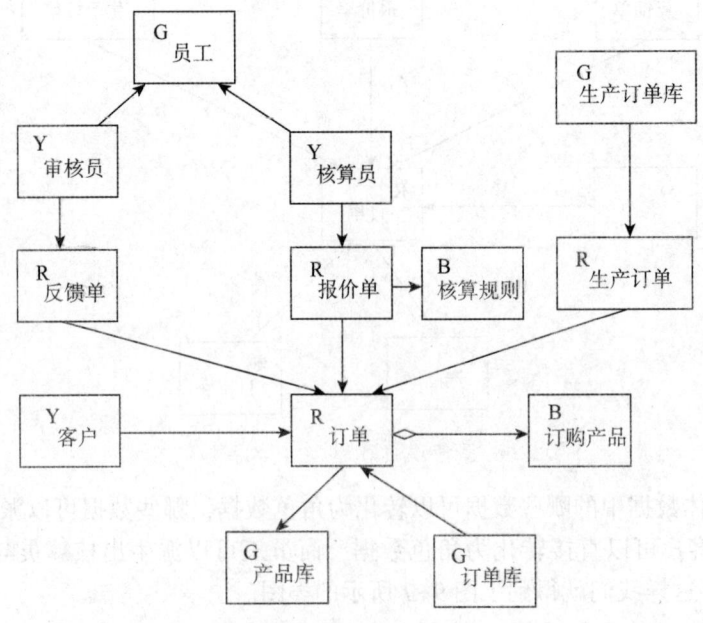

图9-8　颜色建模第四步：识别描述数据

在完成了颜色建模后，我们要对照业务流程复查是否有遗漏或错误。遗漏是逐一检查有无这四种类的缺失，错误是检查类之间的关系是否连接错误。颜色建模完成后，最好给用户讲解一次，请用户修正其中的错误。如果仔细阅读了第5、7章中关于订单业务子系统的说明，你能发现图9-8中的遗漏吗？

9.2　功能建模

在对系统的数据进行建模后，下一步是对系统的功能进行建模。本节首先介绍两种系统功能的图形化表示方法，随后通过第7章的订单业务子系统的例子重点阐述如何从使用场景说明中导出系统功能。

9.2.1　系统的图形化表示

对系统的功能进行建模最常用的方法是数据流图加数据处理流程图。首先，通过数据流图解析出系统的功能模块，然后，对每个处理数据的功能模块绘制流程图。第5章介绍的上下文图是一种数据流图（更详细的介绍请读者参阅其他教材），第7章中演示过流程图，这里不再赘述。

对系统功能建模的另一种方法是状态转换图。通过描述系统的状态和引起系统状态转换的事件，来表示系统的行为。状态转换图是一种描述系统对内部或外部事件响应的行为模型。它描述系统状态和事件，以及事件引发系统在状态间的转换。在状态转换图中，每一个节点代表一个状态，其中双圈是终结状态。状态之间通过带箭头附事件描述文字的实线连接。例如，图9-9所示是操作系统中典型的进程状态转换图。

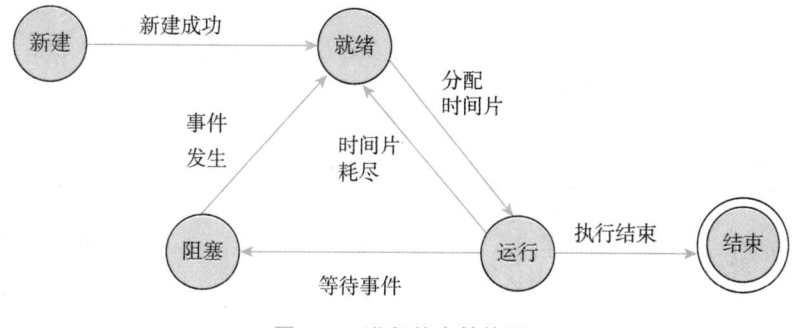

图9-9　进程状态转换图

9.2.2　从场景到功能

第7章中我们通过使用场景说明记录了用户需求，这一小节将对使用场景进行逻辑分析。从场景到功能需求的分析过程，软件需求分析师最好不要使用传统的"输入、处理、输出"的逻辑思路，建议的逻辑是：通过与用户分析场景中需要解决的问题，软件需求分析师提出解决方案，初步形成功能需求。

从使用场景说明到初步功能描述一共要经历三步：遍历使用场景中的业务步骤（即各种流程），分析困难，并提出解决方案；识别使用场景的操作环境，包括软件质量属性与业务规则；进行初步的系统交互设计。下面我们逐步阐述。

使用场景说明是从业务角度对业务步骤的描述，其本身与系统要提供的功能并没有形成有机的联系。因此，软件需求分析师要针对每一个步骤与用户沟通了解存在的困难、挑战，然后构思系统的解决方案。

下面我们以第 7 章的"提交订单"使用场景为例来演示这个过程。首先，我们把这个使用场景中的正常流程提取出来，放入表 9-2 左列，表 9-2 右列是软件需求分析师与用户沟通的解决方案。首先我们遍历其中的每一步，与用户一起探究其中可能存在的问题，这些问题已经列在每一个业务步骤的下面，以"●"起头标识。

表 9-2　场景分析

UC-1 提交订单的正常流程及问题	解决方案
1. 若是销售员登录，则在客户列表中选定客户 ● 如何区分销售员与客户 2. 从品类列表中选定品类 3. 从产品列表中选定产品 ● 相关产品已暂时停产 4. 在既定规格中进行选择或进行规格备注 ● 相关规格无法生产 5. 输入所需产品数量 ● 如何判断订购产品数量超过最大值 6. 完成订单或订购下一项产品（返回步骤2） 7. 系统生成订单草样 ● 订单草样能否编辑 8. 确认订单或取消订单 ● 取消的订单是否留存 9. 合并订单草样和客户信息，生成客户订单 10. 客户订单存入订单数据库 11. 提示提交成功	通过销售员和客户的 ID 命名规则区分两者 产品信息数据库应设置字段标识停产的产品，在列表中设定为不可选中 这里不做处理，在"审核订单"功能中检查 订购产品数量的最大值由规则 OR-1 计算确定，订单草样只提供删除订单项的功能 取消的订单留存在日志库中，供后续版本使用

用户提出如何区分销售员与客户，软件需求分析师通过给两者应用不同的规则设置 ID，通过 ID 区分。用户提出由于原料或价格原因，可能某些产品已经暂时停产，软件需求分析师在产品信息数据库设置字段标识正常生产及停产的产品，在列表中设定停产的产品为不可选中。对于客户提出的特别规格的无法生产的产品，在这里不做处理，留待"审核订单"使用场景处理。客户订购一类产品的最大数量由业务规则 OR-1 计算确定。订单草样不能任意修改，但提供删除订单项（即某一类已订购的产品）的功能。取消的订单暂时存放在日志库里，留待后续系统升级后使用（如系统升级后添加的客户分析等功能）。

其次，我们考虑软件的质量属性与业务规则。由于是工业场景的应用系统，访问量有限，因此经过与用户沟通确定并将访问上限设定为 10。同时，为了增强易用性，系统将采用导航界面的方式引导客户逐步操作，在每个界面顶端清晰地标注出需要客户完成的步骤。

业务规则 OR-1 表述为：用户一笔订单可订购的一类产品最大数量为（100 000-已订购产品价格）/此类产品基础价格。这一规则的含义是：每笔订单不能超过 10 万元。

最后，在初步的系统交互设计中可以包括以下内容：交互过程，即界面流转图，用来表达系统如何实现此场景的所有业务步骤；静态界面，可以在纸上给出草图；设计说明，附在前两者上的说明，写明白为什么要这样设计。

9.3　软件需求规格说明

通过前面的业务需求定义、用户需求获取，现在我们将分析得出的功能需求以文档的形式撰写成软件需求规格说明文档。

回顾第 2 章中关于软件需求的定义，软件需求是：用户解决问题或达到目标所需的条件或能力；系统或系统部件要满足合同、标准、规格或其他正式规定文档所需具备的条件或能力；一种反映前两个所述条件或能力的说明文档。第一步已经通过项目愿景与范围文档及用户需求文档完成。第二步通过上述各种建模方式，已经可以梳理清楚。现在需要进行最终的文档化工作。

本节我们将首先陈述软件需求规格说明的写作风格，随后给出模板及示例。

9.3.1　写作风格

优秀的需求应该具有完整性、正确性、可行性、可追溯性、无歧义、可验证。完整的需求文档应该清楚地描述出所有相关信息，在缺少特定信息时，可以将需求标记为 TBD（To Be Determined，待确认）以示区别。正确性在很大程度上依赖用户代表对需求的审查。可行性表示需求的实施在时间、经济及技术上是可行的。可追溯性表示每一个用户需求都有对应的功能需求满足，每一个功能需求都有对应支撑的用户需求。无歧义表示需求的表述没有二义性。可验证要求软件需求规格说明不仅能指导开发人员，也能指导测试人员开发测试用例。

撰写一份优秀的软件需求规格说明的最终的目标是：任何阅读需求的人对需求的解读要一致，读者的解读要与作者表达的意思一致。

软件需求规格说明应该以陈述的形式撰写。从系统角度可以写成：<可选的前置条件>系统应该<期望的响应>。例如，如果库存有被检索的图书，系统应该列出馆藏的信息。写作时要尽可能清晰简洁，要统一用词，特别是"必须""可以""应该""能够"这几个词不要混用，通篇选择其一即可。在写作时，应使用主动语态。

写作时，每个需求尽可能保持独立，尽量减少连词的使用。例如，"系统应该以订单号、发票号或流水号进行查询"。这个需求使用了连词，导致了多重的解释。要保持每个需求的一致粒度，避免使用 A/B 结构，边界需要定义清楚。例如，"用户可以通过手机号/身份证号登录""少于 5 km，收费 10 元，多于 5 km，收费 20 元"等需求表述都有歧义。

9.3.2　软件需求规格说明模板

软件需求规格说明模板如下所示。

软件需求规格说明模板

1. 引言
　　1.1　目的
　　1.2　约定
　　1.3　项目范围
　　1.4　参考文件
2. 总述
　　2.1　产品视角
　　2.2　用户类别及特征
　　2.3　运行环境
　　2.4　设计及实现约束
　　2.5　假设与依赖
3. 系统特性
　　3.×　系统特性×
　　3.×.1　描述
　　3.×.2　功能需求
4. 数据需求
　　4.1　逻辑数据模型
　　4.2　数据字典
　　4.3　业务报表
　　4.4　数据集成、保存、处理
5. 外部接口需求
　　5.1　用户界面
　　5.2　软件接口
　　5.3　硬件接口
　　5.4　通信接口
6. 质量属性
　　6.1　可用性
　　6.2　性能
　　6.3　安全性
　　6.4　其他
7. 国际化和本地化需求
8. 其他需求
附录A：词汇表
附录B：分析模型
附录C：业务规则

第一部分引言介绍此文档的目的、约定、项目范围及参考文件。软件需求规格说明的目的一般可以如下描述："本软件需求规格描述了……系统……版本软件中的功能和非功能需求。此文档由项目团队成员使用，以实现并检验正确的系统功能。软件……版本中承诺包含这里所陈述的所有需求。"约定描述文档需要遵循的写作格式，包括英文简写或中文简称等。项目范围可以直接引导用户阅读项目愿景与范围文档的相关章节。参考文件包括整个软件需求开发过程中使用到的文件资料，如业务操作规范、用户报告、产品分析、客服记录、先前版本的说明文件、行业标准等。

第二部分总述首先陈述产品视角，此处应附上产品的 0 层数据流图，介绍产品在整个业务环境中的位置。用户类别及特征可以从项目愿景与范围文档中整理。运行环境是真实的用户使用场景下的软硬件环境。设计及实现约束描述此软件产品在开发过程中应该遵循的规范。例如："系统中所有的 HTML 代码将遵循 HTML 5.0 标准。"

第三部分系统特性是规格说明的主体部分。一般地，一个使用场景对应一个特性，如"提交订单"。因此，这一部分在用户需求文档中有多少个使用场景就对应多少个特性。对于每一个特性，首先用一至两句话简单描述，然后设置一个（组）功能需求支撑这个特性。还应注意到，解析出的功能需求点，可以支撑其他特性，即可以重用。

第四部分数据需求首先给出逻辑数据模型，包括实体关系图（供数据库设计使用）及颜色类图（供代码设计使用）。数据字典非常重要，用一张表格描述。业务报表详细说明系统应该输出的报表，包括 ID、标题、目的、阅读者、数据来源、生成频率、布局方式及主体内容。数据集成、保存、处理描述业务数据（包括数据库的数据）的后台集成方式、保存方式（文件、数据库或日志）及留存时间等。

第五部分外部接口需求首先陈述所有（或大部分）用户界面应该遵循的设计规范，注意，这里的界面不是设计用户界面；然后描述本系统与其他软硬件系统的数据访问，即本系统可以通过何种方式获取其他系统的何种信息，其他系统可以通过何种方式获取本系统的何种信息。

第六部分质量属性可按照第 8 章介绍的方法获取撰写。第七部分和第八部分视情况适当编辑。附录中要对业务词汇进行定义；若需要可以附上一些分析模型，如状态转换图；列出所有业务规则。

最后，请注意模板的使用应该按需裁剪或扩充。

📋 9.3.3 示 例

本小节我们以第 7 章的"提交订单"为例，解释软件需求规格说明的主体部分即系统特性的分析与撰写。

首先对这一特性进行简单描述，即"身份经过验证的客户或销售员能够通过系统订购所需的产品"。随后，我们根据场景分析的结果（见表 9-2），导出"提交订单"的功能需求，如表 9-3 所示。在表 9-3 中，"订单业务子系统"以英文缩写 OBS（Order Business Subsystem）表示。同时，在"约定"部分规定词汇"应该"表示系统必须完成的事项；词汇"可以"表示软件需求分析师建议的事项（一般用于初步的界面设计）。

表 9-3　"提交订单"的功能需求

功能列表	功能描述
1. Order. identify 识别用户类型	OBS 应该通过用户的 ID 判断用户是客户还是销售员。如果是销售员登录，OBS 应该展示客户列表供用户选择（OBS 可以使用下拉列表的方式展示客户列表）
2. Order. select 选择产品	OBS 应该展示品类供用户选择，标识为停产的品类不能选择。OBS 应该展示此品类的产品供用户选择，标识为停产的产品不能选择。OBS 应该展示此产品的规格供用户配置。在配置规格界面，OBS 还应该提供备注规格文本框供用户输入（OBS 可以使用下拉列表的方式展示品类及产品列表）
3. Order. quantity 确定产品数量	OBS 应该按照"（100 000-已订购产品价格）/此类产品基础价格"取整后定为当前产品的可订购最大数量。OBS 应该展示从 1 到最大数量供用户选择，用户也可以直接输入数量。若用户输入的数量超过了最大值，则系统会给用户提示
4. Order. draft 处理订单草样	当用户完成产品订购后，系统应该生成订单草样。OBS 应该以列表的方式展示已订购产品项，每项后都附"删除"按钮
5. Order. generate 生成订单	当用户确认订单后，系统应该合并订单草样与客户信息形成客户订单

9.4　需求确认

需求经过收集、分析、规格化之后，需求确认是软件需求开发的第四步。这一步经常由于各种原因（项目进度、人员配备等）而被简化，但正如第 2 章所述：需求阶段未被发现的问题会随着软件工程过程的向前推进而快速放大。

需求确认指评估产品是否满足客户的需要，以保证后续的软件工程过程处于正确的轨道。需求确认应该关注以下要点：

（1）软件需求准确描述了预期的系统能力和特性，从而满足不同干系人的需要；

（2）从业务需求、用户需求、业务规则等来源中正确地产生了软件需求规格说明；

（3）需求是完整的、可行的、可验证的；

（4）所有需求都是必要的，彼此一致，共同满足业务目标；

（5）需求能为后续设计和开发提供充分的指导。

值得注意的是，并非软件需求规格说明完成之后才开始进行需求确认，这个工作应该贯穿于持续不断的需求收集、分析、规范化过程始终。

需求确认一般通过需求评审来进行。参加评审的人包括四类：需求文档的作者及其同行；真实的用户代表；以需求文档为依据展开工作的人，如开发人员与测试人员等；负责系统接口的人员，如需要和本系统进行交互的系统管理人员。

可以采用清单式的需求审查方法，例如，表 9-4 给出了一份需求确认清单。然而，当清单里圈定要检查的内容超过 8 项时，很可能需要多轮检查。实际上，大多数评审人都不太愿意进行多轮审查，所以软件需求分析师应该对表 9-4 中的项进行取舍以满足组织的需要。

表 9-4   需求确认清单

完整性
需求是否解决了所有已知客户及系统的需要？
是否有一些信息应该获取但是还未获取？如果有，是否标记为 TBD 了？
所有的外部软硬件及通信接口都定义了吗？
是否记录了在所有可预测错误的情形及系统的预期行为？
是否为设计和测试提供了充分的依据？
每个需求是否都设置了优先级？
每个需求是否都在项目范围之内？
正确性
需求之间是否冲突或重复？
需求的表述是否清晰、简洁？
每个需求都是可测试的吗？
用户需求和解决方案是否分离？
需求在既定的约束下是否可行且可实现？
质量属性
可用性、性能、安全性目标是否有正确的描述？
是否标出了对时间、性能等指标敏感的功能，并进行了量化？
所有质量属性的记录都符合 SMART 准则吗？
组织方式
所有的需求是否都有标识符，标识符命名形式一致吗？
文档中的交叉引用是否正确？
所有需求的撰写粒度是否合适且一致？
每个需求是否都是可追溯的？
其他事项
有遗漏的流程或用例吗？
使用场景中有遗漏的分支、异常流程吗？
还存在适用于系统但没纳入系统的业务规则吗？
还存在可纳入文档中的（且使文档更容易理解的）系统模型吗？
是否遗漏用户需要的业务报表？

9.5　一生万里

1. 一根拐杖、一双旧鞋、一生万里

如果要盘点中国历史上最重要的旅行家，那么徐霞客（如图9-10所示）是一个绝对绕不开的名字。

图9-10　徐霞客画像

"张骞凿空，未睹昆仑；唐玄奘、元耶律楚材衔人主之命，乃得西游。吾以老布衣，孤筇双屦，穷河沙，上昆仑，历西域，题名绝国，与三人而为四，死不恨矣。"这是徐霞客在《徐霞客传》里临终之际所留下的遗言。但其实，这段话是本传作者，即明末清初的著名人士钱谦益自己想象、杜撰的。钱谦益把徐霞客与张骞、玄奘、耶律楚材相提并论，并指出了徐霞客的不同之处——他从没有奉谁的命令而出发，没人护送、自筹旅资，以一名"老布衣"平头百姓的身份，靠着一根拐杖、一双旧鞋，完成了行走的壮举。况且，他旅行的时代，也不是大一统的太平时代，而是兵荒马乱的明朝末年——农民起义、灾荒瘟疫不断、遍地流寇。因此，相比于钱谦益提到的另外三人，徐霞客的旅行，更显现出一份平凡中的伟大。

不过，钱谦益还是搞错了一件事情，在真实的历史上，徐霞客旅行的重点，并不是西域，而是中国的西南。今天我们提到西南，总不免有彩云之南、四季如春之类的想象。然而在400多年前，云贵高原还是尚未得到完全开发的远蛮之地。这里不受中央政府的直接管辖，而是由当地土司进行半封建、半奴隶制的统治。中原世界对这里的山川形制、人文风土也是一知半解。前往这里，相比通往西域所走的、自汉代就已经成熟的丝绸之路商道，更是平添了未知的风险。

当人们选择去旅行而不是旅游度假，一定会发现大部分的旅行其实并不轻松。独自旅行要做非常复杂的准备：对地区和路线的了解、对可能遇到的危险的把控。沙漠、草原、高温、寒冷、饥饿……哪怕在现代社会，我们有了更好的装备、医药和救援，深入荒野的旅行都可能有致命的危险。

那么我们不禁要问，为什么徐霞客毅然选择以布衣之身，冒死远赴一场并不能给他带来

彼时儒家社会所公认的名望和声誉的旅行呢？

2. 世界很大，但一个人的时间已经用完了

徐霞客，名宏祖，字振之，江阴梧塍里人，生于万历十四年（1587年）。

江阴属于明朝的南直隶常州府，这里邻近长江出海口，河网密集，是明朝后期中国经济文化最发达的地方，风气上也比较开放。

虽然徐家也有耕读传家的传统，但父母对徐霞客没有硬性要求。父亲徐有勉没有科举入仕，而是更喜欢游山玩水。这种环境下，徐霞客从小就养成了正确"摸鱼"的方式。每次装模作样读四书五经的时候，其实都在看垫在下面的历史、地理一类的闲书，最想做的事情就是"壮游天下"。

15岁时他应付了一次童子试，没考中，之后就再也没参加过科举。在徐霞客19岁时，父亲徐有勉"遇盗扼而死，其（徐霞客）遇此大故，哀毁骨立……如白衣苍狗，愈复厌弃尘俗。欲问奇于名山大川。"

徐霞客21~38岁期间，是他早期旅行中的观光览胜阶段。1607年，弱冠之年已到，徐霞客决定动身。母亲王氏非常鼓励他，给他制作了一顶远游冠，目的是"壮其行色"。

这一时期徐霞客因为从小读到的地理历史作品，尤为崇敬向往中国北方，所以在旅行地点上首选了河北、山西、山东、河南的名山大川。1623年，徐霞客游历嵩山，慨叹"余髫年蓄五岳志，而玄岳出五岳上，慕尤切"。

徐霞客秉承"父母在，不远游，游必有方"的自我要求，他的旅行计划性非常强，几乎没有过漫无目的的浪游。而是"定方而往，如期而还"，往往春天出游，短则十天有余，长则三月。除了远赴北方的几场长途旅行，他在江南地区也有很多场短期旅行，游历了太湖、珞珈山、天台山、雁荡山、庐山、黄山等多个地方。

1624年，由于母亲已经八十高龄，徐霞客打算停止出游，侍奉母亲。不过母亲为了表示对他的支持，做出了惊人的举动，和儿子一起旅游。当然，他们的两次旅行都限于徐霞客老家江苏省内。和母亲的两次旅行是母子二人的最后时光，第二年，母亲去世，徐霞客守孝三年。

1628年，在守孝三年期满后，徐霞客再次踏上征程，游览福建金斗山、广东罗浮山。1629年，他由运河北上，在河北游览盘山、碣石山等地。1633年，他再次北上京师，游览五台山和衡山。遗憾的是，记录这些行程的游记大部分已经丢失。现存的《徐霞客游记》中，1636年以前的内容，仅占全书的十分之一。

1636年，50岁的徐霞客感到"老病将至，必难再迟"，决定开始他的"万里遐征"。此时距离明朝覆灭，还有七年；距离徐霞客去世，还有五年。在生命最后的五年里，他从江苏出发，游览南方数省，深入云贵，探访帝国西南边疆。这是徐霞客连续时间最长、成果最丰硕的一次出游，也是其一生中的最后一次出游。

在浙江金华，他登上山顶，看落日沉入衢江的江水之中，写道"夕阳已坠，皓魄继晖，万籁尽收，一碧如洗，真是濯骨玉壶，觉我两人形影俱异，回念下界碌碌，谁复知此清光！"

在江西，徐霞客穿着布鞋在当地向导认为无法通行的吉安白鹤峰的山崖间攀缘。刚过完除夕，徐霞客第一次看到了南方瀑布被冰冻的壮观景象："时见崖上白幌如拖瀑布，怪其无飞动之势，细玩之，俱僵冻成冰也。"次日一大早，白鹤峰雨停雾起，徐霞客醒来推门，看到大雪覆盖着的千山碧玉如簪，一轮红日喷薄而出。

在徐霞客感慨自然之壮阔的同时，整个国家正在滑向覆灭的边缘。从北方到江南的大范围饥荒，飞蝗遍野；李自成、张献忠率领的农民起义军席卷河南湖北。当徐霞客穿过江西，经由湘江抵达衡阳的时候，正是张献忠的军队在湖北被官兵击败的时候。在他的身后是无数的溃兵和更多逃亡的流民。徐霞客的旅途没有遭到战乱的直接袭扰，但湘江两岸的匪患，还是给了他致命一击。在《徐霞客游记》中，对那群土匪的描述只有寥寥几笔："群盗喊杀入舟，火炬刀剑交丛而下。"那是一群被饥饿折磨得失去理智的人，他们的刀刃不认识徐霞客，在船上胡乱地挥砍，木制的小舟不堪一击，很快倾覆，徐霞客也跌进了江水。他在冬日寒冷的江水里躲过了一劫，上岸后却已经"身无寸丝"。

友人劝他回家，但徐霞客心中清楚，没有什么下一次了，到了这个年纪，遇到这样的风险，家人一定不会再让他出门，所以他"不欲变吾志"，坚持继续西游，并说自己带着铁锹，"何处不埋吾骨耶"。

他向着广西继续前进。他举着火把深入那些从无人迹的喀斯特洞穴，研究其中的石灰岩溶蚀现象。他把这些所见所闻所思写入游记，留下了中国最早研究喀斯特地貌的地理文献。

1637年，徐霞客抵达贵州。在瘴气弥漫的贵州丘陵山林里，他披荆斩棘，与毒虫和瘴气对抗。在黄果树瀑布下，他记录下贵州民生、经济的困苦："为安邦彦所荼毒，残害特惨，人人恨不能洗其穴。诸彝种之苦于土司糜烂，真是痛心疾首，第势为所压，生死唯命耳。"

因土司纵容，甚至还有人掠卖人口："土人时缚行道者，转卖交彝。如壮者可卖三十金，老弱者亦不下十金。"

苦难而残酷的贵州大地最终给予他重创——数次遭遇抢劫、诈骗与背叛，徐霞客失去所有盘缠，甚至失去了和他一路同行的僧人朋友。但是他答应过朋友，要带着他一起登上彼时中国西南的佛教圣地——鸡足山。于是，他背起朋友的尸骨继续前行，誓要完成朋友的遗愿。

一年后，徐霞客终于得以进入云南，他实践了自己的诺言，两次登临鸡足山，撰写《鸡足山志》。他跨过澜沧江，抵达他旅行的极限——腾冲，又折返北上，远游至云南丽江。长期行走毁坏了他的双脚，到丽江之后，他已无法行走，但仍在坚持编写游记。1640年，他病况更加严重，云南地方官用车船送徐霞客回到江阴。

1641年正月，56岁的徐霞客病逝于家中。他的遗作经友人整理成书。

"登不必有径，涉不必有津，峰极危者，必跃而踞其巅；洞极邃者，必猿挂蛇行，途穷不忧，行误不悔。瞑则寝树石之间，饥则啖草木之实，不避风雨，不惮虎狼，不计程期，不求伴侣。以性灵游，以躯命游。亘古以来，一人而已！"这是康熙年间徐霞客的江南同乡潘耒为《徐霞客游记》所作的序言。试想，是不是有那么一刻，徐霞客的心中也包含着一丝丝的遗憾。当他站在腾冲的云峰山上向更远的南方眺望，却知道自己再也不能向那里走去。这个世界还很大，但一个人一生的时间，已经用完了。

3. 他从一开始就和前辈们不一样

明初的周忱写道，"天下山川之胜，好之者未必能至，能至者未必能言，能言者未必能文"，认为真正的旅游家必须同时"能至""能言""能文"，三者缺一不可。徐霞客无疑把三者都做到了极致。但这并不是他能被人们记住的原因。

在他之前，伟大的旅行家有很多，如汉朝的张骞、唐朝的玄奘、宋朝的丘处机，而他从一开始就和他的前辈们不一样。在徐霞客之前，中国古代人们旅行主要有几种。郦道元写《水经注》，是为官之余的业余工作，可谓不闲不为。苏轼一路辗转黄州、惠州、崖州，是被贬谪的不可不为。汉武帝巡游天下，是彰显帝王权威的不阔不为。盛唐诗人们互相串联，饮酒唱和，遍访名山，是享受型的不乐不为。西天取经，是目的性为主导的不用不为。而徐霞客呢，没有后台，没有背景，一介布衣，身处体制之外，不受官方委派，他的旅行是全然自发的，以旅途本身为核心。他旅行不为修身养性，也不为寻找文学灵感，而是把行走本身作为他的灵感。

路途上，他并不循例官僚士大夫的宦游，依照官道就近旅行。为了探究异样的景致，"其行不从官道，但有名胜，辄迁回屈曲。"在水上，他乘坐一叶小舟；在地面上，就几乎全靠步行。遇到仆人逃跑的情况，还要自己背负全部的行李。因为不是官员，他不能投宿驿站，事实上，他也很少住客栈。除了投宿寺庙，一条小船，在白天是他的车马，在夜晚就是他的客栈。

作为时代的普通人，他用这样的方式旅行，留下了200多万字的游记。所谓"古今纪游第一"，此言不虚。

从科学角度来说，徐霞客是一个十足的实证主义者。他通过"田野调查"的方式，以无可辩驳的史实材料，否定了被人们奉为经典的《禹贡》中一些地理概念的错误，证明了岷江不是长江的源头，辨明了左江、右江、大盈江、澜沧江等许多水道的源流，同时他还是世界上第一个科学研究喀斯特地貌的人。

从文学角度来说，他的游记在写作方式上摆脱了"流水账"式刻板的记述，让旅行作为真正意义上的文学书写，又进了一步。他在游记中对黄山的云海有非常精彩的描写："时浓雾半作半止，每一阵至，则对面不见。眺莲花诸峰，多在雾中。其松犹有曲挺纵横者；柏虽大于如臂，无不平贴石上，如苔藓然。山高风钜，雾气去来无定。下盼诸峰，时出为碧峤，时没为银海；再眺山下，则日光晶晶，别一区宇也。"从这段文字也可以看出徐霞客旅行的关注重点，那就是强调对旅途本身的叙述。对动作动词和行动动词的巧妙使用，让词语形成的画面不仅鲜明，而且还有连续的移动感。而徐霞客自己就是这种种场景中的参与者，通过写作，他重构出运动的场景和此情此景中的身体经验。

用我们更熟悉的概念来说，这是徐霞客的主观叙述。跟随他足迹与遭遇的变化，能看到他对自己心情和感受诚实的表达，能够感受到他的悲哀、遗憾、快乐与狂喜。而那种直接的个人经验，正是旅行文学中最吸引人、最能共情的地方。

4. 生命的意义在于"再次出发"

现在，让我们回到一开始的问题，徐霞客为什么要去旅行呢？

要知道虽然旅途困苦、国家飘摇，但徐霞客家中一直还算殷实。回家意味着享受上等物质生活和儿孙满堂的天伦之乐。在几十年的时间里，他几番经历生死风险，为什么每次都没有选择留在家中，而是再次选择出发？

其中，当然有外部原因，那就是明末的旅游热。彼时的江南地区存在着一个不爱仕途爱旅行的"亚文化"知识分子群体。稍微看一下历史就能发现，直到明朝末年，对于普通人的生活而言，他们的准则是：如无必要，概不外出。明代的《徽州府志》记载："嘉隆之世，人有终其身未入城郭者。士补博士弟子员，非考试不见官长，稍与外事者，父兄羞之，乡党不齿焉。"如果不是参加科举考试、因公外出，无故接触外部世界，连邻里相亲都会为你感到羞耻。

　　然而，随着商品经济的发达，民间交流的日渐频繁，加之南方，特别是江南地区的思想解放，到了晚明，短短几十年，就风气大变，人们转而开始嘲笑那些足不出户的人，认为他们不合时宜。这种移风易俗反映在文人群体中，就是"知"和"行"的并举。

　　从前，对于在野、出世的知识分子，人们对他们的想象是"采菊东篱下"，是足不出户而知天下的"卧龙"风格。和徐霞客同时代的董其昌，正式提出了"读万卷书，行万里路"的说法，第一次把行走和知识提到了对于读书人同样的高度。

　　更有徐霞客的"同行"、旅行家王士性，他将山水上升到"老师"的高度，并把旅游看作是获得知识奥秘的一种途径："昔人一泉之旁，一山之阻，神林鬼塚，鱼龙所宫，无不托足焉，真吾师也。岂此于枕上乎何有？遇佳山川则游。"山泉神林，才是"真吾师"，在家枕着秋月春风的人，哪懂得这个道理？这些思想都丰富了对旅行内容和意义的认识。也是徐霞客能数次远行的客观条件。它们加持着徐霞客，让他成为那个时代走出书斋、走向大地的先锋。

　　那内因呢？徐霞客心里的那个出发点又是什么？

　　享受天伦之乐不是他的追求，在混乱的时局中，大明官僚系统已经积重难返，他也无法改变什么。离开江阴的居所（如图9-11所示），外出旅行是他唯一能够确证自己存在的方式。在那个时代，他所处的环境下，旅行是唯一有力的实践。一句"以性灵游，以躯命游"，说明他真的是在用毕生的态度认真对待旅行这件事情。这份认真，最终没有辜负他。

图 9-11　江阴徐霞客故居

　　可是，就像万事万物的衰落那样，在满洲的铁骑入关以后，后人再论徐霞客，他以"性灵""躯命"为依靠的壮游，在官方论定中，也只剩下了"刻意远游"这几个字。

　　时间还没过百年，后世已经不能理解徐霞客的所为。康雍乾时期的知识分子，那些没有入仕的人，或者是埋头训诂学的书本，或者是迷恋那些愈发精雕细琢的人造风物，沉浸在"东方巴洛克"的尺寸世界，他们忘记了那"一介布衣，万千山海，吾独往矣"的气概。或有二三隔空知己再次发现与编撰那本游记，但余下的也只是崇敬仰慕以及己所不能的感慨。

等到晚清民国开眼看世界的时刻，人们才会再次想起徐霞客。同为旅行家周游欧美的梁启超就多次评价和推举《徐霞客游记》，意在通过徐霞客的毕生经历侧证，作为现代民族形态而新生的中华，也与西方诸国一样，并不缺乏探索与实践的精神。

更为人熟知的评价来自《中国科学史》的作者 Joseph Needham（李约瑟），他评价徐霞客的游记"不像是 17 世纪的著作，更像是 20 世纪田野调查者的作品"。庆幸的是，我们今天已经不再需要西方的学者论断来认识徐霞客，他的一生也不用再作为民族证明自身的牌面。

个人的生命并非时时刻刻都与国家的命运相关，当一个王朝快要灭亡的时候，徐霞客依然在坚持着他的旅程，在他的路线上行走，在做他认为值得做的事情。他和那些舍身护国的人、反抗压迫的起义者一样，值得我们的尊敬。

凡凡众生，我们可能都只是在自己领域和生活中的无名之辈，也许这种无名要持续一生的时间，但这不妨碍我们去做自己的事情，只有"在做"，才是我们得以确证自身存在的依据。我们也许都成为不了第二个徐霞客，但是我们可以做自己的徐霞客。

除了借由了解他的生平获得当下生活的启示，徐霞客和他的游记应该再次被正确地放置在他同行的队伍中、在旅行写作的世界里，确定那个应当的位置。我们已经太过熟练去使用"在路上"的概念，也深谙无数的公路故事，热爱"背包客"的名号和这个词语背后输入的所有想象，而我们所熟悉的，大部分也都还是西方式的旅行写作。

然而，徐霞客和他的游记应该是我们有关旅行这个庞大记忆库，以及旅行文学养分来源中重要的那一块。那是在洋气的"背包客"之外，"一介布衣"的缺失。因为关于远方的梦想已经足够多，也因为 66 号公路和 318 国道上早已人潮汹涌，更因为每当清风拂过湖面的时候，我们不是和别人，而是和徐霞客此身所在的是同一片大地。

那是我们生活的地方，那也是世界的一部分。

9.6　小　结

本章详细介绍了软件需求规格说明的撰写。至此，我们从定义业务需求，获取用户需求，最终以软件需求规格说明初步完成了软件需求工作。软件需求是一个实践性强、经验要求很丰富的工作。正所谓读万卷书，行万里路，软件需求知识的掌握离不开软件需求分析师一个个模拟或真实项目的锤炼。

> "读万卷书，行万里路"说明要努力读书，让自己才识卓越并让自己所学的知识能在生活中体现，同时增长见识，理论结合实际，做到学以致用。此语出自明代画家董其昌的《画旨》："画家六法，一曰'气韵生动'。'气韵'不可学，此生而知之，自然天授。然亦有学得处，读万卷书，行万里路，胸中脱去尘浊，自然丘壑内营。成立郛郭，随手写去，皆为山水传神。"

9.7 习　题

1. 优秀的需求具有哪些特性？

2. 什么是数据建模？

3. 什么是实体？请举例。

4. 数据存储和数据实体的区别是什么？

5. 什么是关系？请举例。

6. 数据流图的基本元素有哪些？

7. 在使用数据字典描述数据流或数据存储时，主要描述它们的哪些特征？

8. 什么是软件需求规格说明？

9. 软件需求规格说明有哪些常见读者？他们阅读的目的是什么？他们对软件需求规格说明的要求是什么？

第9章　习题答案

第 10 章　需求管理

内容提要

　　正如许多组织所发现的那样，审慎设计的项目管理流程可以有效提高项目成功率，这些组织同时指出：混乱的产品需求管理，也是项目失败的重要原因。在软件需求工作基本完成之后，即软件需求规格说明评审通过后，项目在推进的过程中，需求很可能因为新问题的出现、业务的变化（特别对于长期项目）、政策的影响而发生变化。因此，对需求进行有效的管理非常重要。

学习目标

- 能设定：需求基线（从需求文档中）
- 能执行：各种需求管理事项
- 能实施：需求变更流程

10.1　需求基线

需求开发活动包括获取、分析、描述和验证。需求开发的交付物包括业务需求、用户需求、功能/非功能需求、数据字典和各种分析模型等。在这些交付物经过评审且核准之后，其中需求内容的任何子集都可以组成需求基线。需求基线是干系人认可的一个需求集合，通常作为某一具体的计划发布版本或开发迭代的内容。需求基线的设立要重点参考项目愿景与范围文档中软件版本的设定，但也可以是其中一个版本的子集。

经过评审和核准之后确立一个需求集合的基线，而后需求就会置于配置管理（或变更管理）之下。接下来的变更只能通过项目定义好的变更控制流程进行。在基线化之前，需求还在演进，所以没有必要针对此时的修改施加流程限制。基线可以由某一特定的软件需求规格说明版本中的部分或所有需求组成，或者由敏捷项目某一迭代中的一组达成一致的用户故事组成。

若发布范围变更，则一定要更新相应的需求基线。需要将特定基线中的需求和提议但未接受的需求区分开，可以将它们分配到不同的基线中。需求的基线一定是基于软件需求规格说明的特定版本。当项目出现了新需求或发生了需求变更时，通常有下列处理方式：

（1）将低优先级需求延迟到以后的迭代或彻底砍掉；

（2）额外增加人力或将部分工作外包；

（3）延长交付时间或在敏捷项目中增加迭代；

（4）牺牲质量来确保按最初的日期交付。

实际上，没有一种方法是普遍适用的，因为项目在功能、人员、预算、排期和质量方面的灵活性各有不同。这些处理方式选择的依据是项目业务目标和关键干系人在项目启动阶段所确立的优先级。在需求变更后，项目团队应调整期望，若期望所有新需求都可以在原定日期交付且没有超出预算，大概率无法实现。

10.2　管理事项

在需求管理中包含版本控制、属性管理、状态跟踪、范围抑制及需求变更。本节介绍前四项，下一节介绍需求变更。

1. 版本控制

版本控制既适用于单一需求，也适用于需求集合。需求通常都表现为文档形式，因此，一旦开始写需求或文档，就要做版本控制，以便保留变更历史。

需求的每个版本必须有唯一性的标识。每个团队成员必须可以访问需求的当前版本。需求变更必须清楚记录并同步给每一个受到影响的人。为了减少混乱和误解，只允许指定的人更新需求，而且每当需求更新之后要确保版本号同步更新。

每个需求文档的发布版本及每个需求应当包含修订历史，以确定所做的修改、每次修改的日期、谁做的修改以及修改的原因。建议使用需求管理工具软件来进行需求版本的控制。

需求管理工具软件能跟踪每个需求的变更历史，它在需要回滚到以前版本时非常有用。大多数需求管理工具软件还支持添加评论来描述决定增加、修改或删除需求的根本原因，这些评论在后续的讨论中会发挥重要的作用。

通过 Word 等文字工具记录需求时，可以使用其中的"修订标记"功能来跟踪需求变更。这个功能通过删除线来标示删除及下划线标示增加的记号法，以可视化方式突出显示文本中的修改。在确立基线文档时，先存档带有标记的版本，然后接受所有修订，接着将新版本作为新的基线保存，准备接受新一轮的需求变更。

最简单的版本控制方式是根据命名约定手工给文档的每一次修订做一个标号。可以通过日期来区分文档的不同版本，例如，"项目愿景与范围文档 20221105.docx"表示这个文档完成于 2022 年 11 月 5 日。然而，这可能还不够，还可以通过更详细的扩展名描述需求文档。例如，"项目愿景与范围文档 20221105_version1_draft.docx"表示这个文档只是版本 1 的一个草稿，而"项目愿景与范围文档 20221211_version1_approved.docx"表示这个文档已经通过了评审或审核，大家达成了一致意见。命名应该事先约定一致，团队在需求开发时遵照执行。

2. 属性管理

每个需求都持有一些属性，使其有别于其他需求。除文字描述外，每个需求还应当有支持信息或相关属性。这些属性为每个需求构建了一个上下文和背景。可以将属性值保存在文档、电子表格、数据库或需求管理工具软件中。将属性保存在需求管理工具软件中是一个好的选择，这些工具通常还提供一些系统生成的属性。有了工具，用户可以基于属性值查询数据库从而查看选定的需求子集。例如，一个需求子集可以进行如下查询：它们具有高优先级，在 1.2 版本中已经实现，且状态为 Approved（核准的）。可以为需求配置如下属性：

（1）需求创建日期；

（2）需求的当前版本号；

（3）写需求的人；

（4）优先级；

（5）状态；

（6）需求来源；

（7）需求的理由；

（8）发布版本号或需求分配的迭代信息；

（9）干系人（有问题可以联系的人或对提议变更做出决策的人）；

（10）使用的验证方法或验收条件。

随着新需求的添加，已有需求被删除或延迟，发布计划的需求范围也要更新。团队可能很难应付好几个发布计划或迭代的独立需求文档。让过时的需求保留会使文档的读者困惑，很难确定那些需求是否已经包含在基线中。解决方案是给需求定义一个发布版本号的属性。

3. 状态跟踪

状态是需求的一个重要属性。状态跟踪意味着将某一特定时间点的情况与整个开发周期所期望的完成情况进行比较。团队可能只计划在当前版本实现某一用例的交互，而将完整实现留到下一个版本。团队需要监控承诺在当前版本实现的功能需求状态，因为这一需求集合需要在发布当前版本截止时间之前百分之百完成。

表 10-1 列举了一些需求状态及其含义。项目团队还可以增加其他状态，如"已设计"（完成功能需求的设计元素已经创建并通过评审）和"已交付"（包含特定需求的软件已经交付到用户手中进行验收）。

表 10-1 需求状态及其含义

需求状态	含义
已提议	需求已提出
进行中	软件需求分析师正在积极打磨需求
起草完成	需求的初始版本已经完成
已核准	需求已通过分析,该需求已被分配到某一具体发布版本的基线。关键干系人同意处理该需求且软件开发团队已承诺实现它
已实现	实现需求的代码已经设计好,该需求已追溯到相关设计和代码。实现该需求的软件已准备进行测试、评审和其他验证
已验证	需求已满足验收标准,实现需求的正确功能已确认,该需求可以追溯到相关的测试。现在可以认为该需求已完成
已推迟	一个核准的当前版本需求计划在稍后的版本中实现
已删除	一个核准的需求从基线中移除。需要包含相关的解释、说明原因以及决策者
已驳回	需求提出后但从未被核准,也没有计划在将来的发布版本中实现。需要包含原因及其决策者

把需求分为几个状态类别比试图监控每个需求或整个发布基线的完成比例更容易操作。

4. 范围抑制

理想世界中,在架构和开发之前,记下新系统所有的需求,而且在开发过程中需求一直保持稳定。然而,实际上客户并非总是确定自己有哪些具体需要,业务需要变更,开发人员希望做出响应。需求增长包括新功能和重大修改。项目持续越久,经历的需求增长越多。据统计,软件系统的需求通常每月增长 1%~3%。

有些需求演化是合理的、不可避免的,甚至是有利的。然而,项目持续处理更多功能而不相应地调整资源,对排期和质量目标是有害的。其问题不在于需求变更本身,而是后面的变更将对已经开始的工作产生巨大的影响。如果提出的每一个变更都一一核准,那么可能会使干系人认为软件交付遥遥无期。合适的做法是将提出的每一个需求或功能与业务需求相比较,进行评估。邀请客户参与需求获取过程,力求从数量上减少被忽视的需求,抑制需求范围;还可以使用短开发周期以增量方式来发布系统,使我们有机会进行频繁调整。

范围抑制最有效的方法是能够说"不"。人们不喜欢说"不",开发团队总说"是",因而压力很大。"客户永远正确"或"我们要做到让客户百分百满意",这样的想法虽然很好,但需要付出代价。下面给出了一些说"不"的方式,供软件需求分析师参考。

说"不"

"不"字是一个带有负面情绪的字,但在生活中,我们在很多时候却需要说"不",但说"不"也需要方式技巧,否则,很有可能会给自己带来一些不便。

态度要温和。"不"意味着拒绝,当然每个人都有说"不"的自由和权利,但是在说"不"时态度应该温和。俗话说得好,"买卖不成仁义在",态度温和,让被你拒绝的人心理上能够承受。

对事不对人。在拒绝的时候，应该针对事情，能够让他人感觉到你真的很想帮助他，但是确实有其他原因，如此，他人也能够理解你的苦衷。

可以找一些合适的"挡箭牌"。有时候，你可以在拒绝他人的一些要求时找一些合理的"挡箭牌"，也就是在情理之中的借口，如此，他人也就不好一味地强求。

用"拖延"做说辞。你可以用"拖延"做说辞，委婉地拒绝别人。例如，当朋友邀请你参加宴会时，你可以说："这次没空，下次再去"。表面上并没有直接拒绝他人的请求，但通过拖延时间的方法婉拒了对方，聪明的人会明白你的话中之话。这种婉拒使双方都不失面子。

对于原则性的一些事情，该拒绝时一定要态度明确，不要含糊其词，模棱两可。对于一些实在是无能为力的事情，一定要明确地拒绝，长痛不如短痛。不要因自己办不到而失信于人，对自己产生不良的影响。

10.3　需求变更

软件需求变更并非坏事。实际上，事先将所有需求都定义好，几乎是不可能的。随着开发推进，情况也在不断变化：新的市场机遇出现、政策法规变化及新业务需要跟进。一个高效的软件项目团队能够灵活应对变化，使其构建的产品可以及时为客户提供价值。

管理层应该说明他们希望项目团队如何处理需求变更，制定现实的政策且必须强制执行。以下变更控制政策是有用的。

（1）所有变更必须遵循流程。若一个变更请求没有按照流程提交，则不予考虑。

（2）对于未批准的变更，除可行性探索外不进行设计和实现工作。

（3）只是简单提交一个变更不会保证其一定会被实现，需求变更控制委员会决定实现哪个变更。

（4）变更数据库的内容必须对所有项目干系人可见。

（5）每个变更必须进行影响分析。

（6）每个变更必须可以追溯到一个通过批准的变更请求。

（7）变更请求的批准或否决都需要记录其背后的理由。

软件需求的变更应该由需求变更控制委员会裁定，通常委员会由表 10-2 所列人员组成。

表 10-2　需求变更控制委员会的组成

角色	职责
委员长	如果委员会未能达成一致，委员长通常有最终决定权针对每个变更请求确定评估人和修改人
委员	针对某一具体需求变更决定是批准还是驳回
评估人	负责完成变更影响分析的人

角色	职责
修改人	针对批准的变更请求，负责完成产品修改的人
提交人	提交需求变更请求的人
验证人	验证变更是否已正确实现的人

变更需求的状态转换图如图 10-1 所示，分为以下几步。

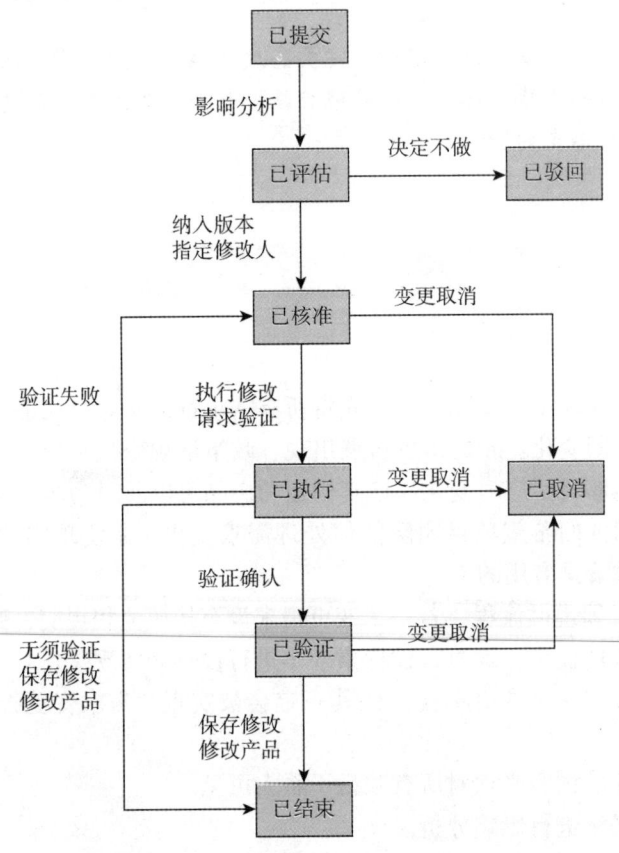

图 10-1　变更需求的状态转换图

（1）评估变更请求。评估此变更请求的技术可行性、成本，并将其与项目业务需求和资源约束对齐。委员长可以指派一个评估人完成影响分析、风险和危害分析及其他评估，这样可以确保每个人都充分理解接受变更的后果。根据变更所带来的业务和技术的后果，评估人和委员会也会考虑拒绝该请求。

（2）决定变更。由委员会授意的决策者来决定批准还是驳回该变更。委员会为每个批准的需求变更指定优先级或实现的目标日期，或者将其安排到具体的开发迭代或计划发布版本，也可能只是简单在产品待开发列表中加入一个新的需求。委员会更新需求变更请求状态并通知所有受影响的团队成员。

（3）实现需求变更。修改人（或修改人团队）更新受影响的工作产品以完整实现该变更。使用需求跟踪信息来查找变更影响的系统所有部分，并更新跟踪信息显示变更的位置。

（4）验证变更。需求变更一般通过同行评审来确保修改后的交付物完成了所有方面的
改动。若干个团队成员可能在多个不同的下游工作产品中通过测试或评审的方式验证变更。
验证完成以后，修改人根据项目文档和代码管理约定将工作产品更新到适当的位置。

10.4　拥抱变化

《爱丽丝漫游奇境记》海报（如图 10-2 所示）中，红桃皇后对爱丽丝说："在这个国度
中，必须不停地奔跑，才能使你保持在原地。"后来有人根据这句话，提出了"红桃皇后定
律"，旨在说明自然界中激烈的生存竞争法则：不进即倒退，停滞等于被淘汰。被淘汰未必
是在这场比赛里排名靠后，很有可能是整个比赛的赛道直接被取消。

图 10-2　《爱丽丝漫游奇境记》海报

作为网络公司的腾讯与移动、联通和电信三大运营商本毫不相干，却只用了三年时间就
获得了超过八亿的用户，削减了三大运营商 30% 的收入，打破了运营商原来的垄断市场，
让中国人一年省下上千亿话费。腾讯创始人马化腾说："在互联网时代，谁也不比谁傻五秒
钟。你的对手会很快醒过来，很快赶上来。他们甚至会比你做得更好，你的安全边界随时有
可能被他们突破。我们处在一个快速变化的时代，生活中充满了大量的不确定性。"

周鸿祎在回顾往昔时曾说："你混日子，就是日子混你，你自己就是输家。无论是在方
正给国家打工，还是在雅虎给外国人打工，我都跟别人不一样，我从来不觉得在给他们打

工，可能我真的是特自信，我觉得我在为自己干。因为干任何一件事首先考虑的是，我通过干这件事能学到什么东西。"因为能把学到的东西用到未来，周鸿祎创办了 360 公司，从此走上了财富自由之路。

俞敏洪曾说："人生永远不可能知天命，因为天命总是在变，更加重要的是，人到了一定的程度，如何能平和地接受老天给你的各种安排，并且想办法把它往好的方向进一步引导，这是我们能做的全部的事情。"2021 年"双减"政策的实施曾令新东方一度陷入绝境，对此，俞敏洪选择坦然接受教培时代已结束这件事，以捐赠桌椅（如图 10-3 所示）、退还学费、支付遣散费等一系列有担当的行为体面退场，赢得了一片好评。

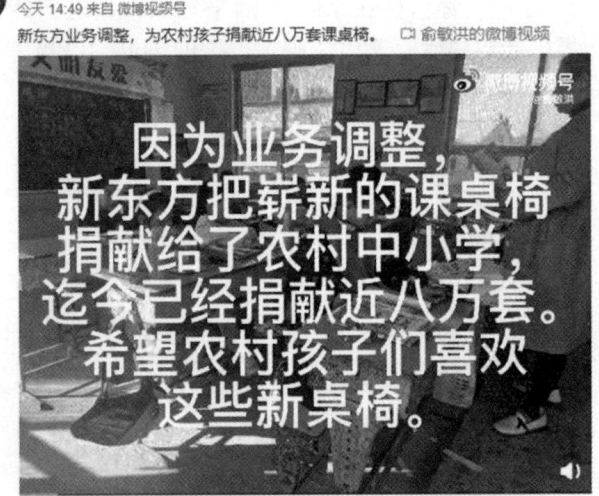

图 10-3　新东方捐赠桌椅

亚马逊畅销书榜作家 Jon Gordon（乔恩·戈登）用四小时完成的一本小书——《鲨鱼与金鱼》，是"积极改变"半小时成长系列书之一。一只叫戈迪的金鱼在主人的喂养下过着无忧无虑的生活，却因为一场突如其来的意外误入大海，本来必死的他在鲨鱼萨米的教导下克服了种种挑战，成为觅食高手，并创办了一所教导"如何成为鲨鱼"的学校。大道至简，这个故事虽然简单却非常接近生活的真相。

正如书中鲨鱼萨米对金鱼戈迪说的，不要把自己看成是环境的牺牲品，不要觉着自己被大浪卷到了大海里是不幸的事，相反，你要把自己的生活看成一个励志故事，要相信自己可以利用积极的想法、信念和行为去影响周遭的环境和事情的结果。

心理学上有一个著名的费斯汀格法则：生活中的 10% 是由发生在你身上的事情组成，而另外的 90% 则是由你对所发生的事情如何反应所决定。我们无法控制生活中会发生什么，也无法控制别人的行为，但我们可以控制自己的积极想法和反应。对于生活中突如其来的或大或小的变化，我们不要把它们看作敌人全力抵抗，而是要学着拥抱这些变化，与它们成为朋友，从中学习并且顺势而为，让它们成为更好、更美妙人生的开始。

世界第一女 CEO 卡莉·费奥瑞纳曾说，推动人类进步的，从来不是愤世嫉俗者和怀疑者，而是相信凡事皆有可能的人。正如金鱼戈迪在鲨鱼萨米的鼓励下选择顺势而为，重新开始，主动踏上了寻找食物的道路。但它总是忍不住怀疑海洋里的所有食物会不会已经被吃光了，还遇到对它各种冷嘲热讽、百般质疑的鱼，这让它无比泄气。鲨鱼萨米告诉它，海洋里有很多鱼都只愿意相信自己什么也做不了，而不是相信它们能做成什么，它们害怕改变，害怕失败，害怕自己不够优秀……它们眼中只有负面信息，总以为成功是属于别人的，这让它们终日游荡、一事无成。

正确的做法是屏蔽掉这些消极的声音，强化自己的积极信念。你相信什么，就会得到什么。积极的信念是一道光，它会照亮你前行的路，让你变恐惧为行动，让你不耽于失败，让你无所畏惧，勇往直前。

电影《当幸福来敲门》（如图 10-4 所示）中克里斯并没有因为自己现实中的所有遭遇而低头，他转而教育自己的儿子，不要被过去限制住，积极准备去捍卫梦想，努力地找到自己的未来。影片的最后克里斯成立了公司，成了富豪。

图 10-4　《当幸福来敲门》片段

金鱼戈迪已解决了温饱问题，但它不满足于此，想要获得更大的成功。它向鲨鱼萨米请教，萨米亲身示范教导戈迪成功的原则。

第一个原则是付出超越常人的努力。在《爱丽丝梦游仙境 2：镜中奇遇记》中，红皇后对无论怎么跑都跑不出去一步的爱丽丝说：“你必须不停奔跑，才能保持在原地，如果你想突破现状，就要用比现在快两倍的速度去跑。”因此，当你觉得自己努力过了却没有得到好结果时，就反问一下自己：我真的全力以赴了吗？

第二个原则是保持专注。萨米每天早上会先确定自己需要做哪三件重要的事情以便找到自己喜欢的食物，然后排除一切可能的干扰，让自己专注在行动上，不让不相关的事情妨碍自己达成目标。Thomas Alva Edison（托马斯·阿尔瓦爱迪生）曾说，凡事专注是成功的要点。特别是在这个信息爆炸的时代，这一点显得尤为重要。任何一个领域要做到极致都离不开专注度。

第三个原则是刻意练习，终身成长。萨米说，不要仅仅满足于填饱肚子，你要每天不停地学习，持续提高自己的能力。有"亚洲飞人"之称的运动员苏炳添，在先天条件不具备优势的情况下，通过对肌肉耐力、爆发力等有针对性地训练，一步步地磨炼自己的技术，最终以 9.83 s 的好成绩创造了历史。

长跑名将 Haier Gebresilasier（海尔·格布雷西拉西耶）1973 年 4 月 18 日出生于埃塞俄比亚阿鲁西高原一个贫穷的农民家庭，家里共有九个孩子，他排行老八。他们家靠种植玉米和大米为生，在他的自述中，小时候甚至没有见过自来水。格布雷西拉西耶每天要跑 10 km去上学，途中要穿过森林、狭谷、河流。晚上放学，他要跑同样的距离回家。每天为了上学来回的 20 km 为格布雷西拉西耶未来铸就大业打下了坚实的基础。

他一直是光着脚跑，18 岁时才第一次穿上跑鞋，当时他觉得非常不适应，因为它们"太沉重了"。在他 7 岁的时候，母亲去世了。他和其他兄妹一样，早早肩负起帮父亲做农活的重任，整个童年生涯就是一部辛酸史。

他的父亲曾经问过他，跑步有什么用，能够成为一个法官或作家吗？然而他心里比谁都清楚，自己跑步只是因为热爱跑步。热爱是他不断努力并获得成功的基础。直到 1993 年，格布雷西拉西耶赢得 10 000 m 世锦赛冠军之后，父亲才确信他应该靠跑步来谋生，而不是和其他兄弟姐妹一样种地。

16 岁，正在跑步的他被著名田径教练 Koster（科斯特）选中；18 岁，进入了国家队，从此开始重新谱写他的人生篇章。第一次参加马拉松，他获得第 99 名的成绩。此后他选择了更加刻苦的训练：每周 220 km，每天早上 5—9 点，下午 2—5 点。正是这样的坚持，让他的跑步技术达到了高水平。

格布雷西拉西耶凭借天赋和努力，很快在中长跑领域崭露头角，1992 年的世青赛 10 000 m决赛中，格布雷西拉西耶在最后 200 m 完成了超越，对手为了保住领先优势甚至出手击打了他的头部。这位长跑之王就这样拉开了自己传奇职业生涯的序幕。

1993 年，格布雷西拉西耶参加斯图加特世锦赛，获男子 10 000 m 冠军、5 000 m 亚军；1995 年，参加哥德堡世锦赛，获男子 10 000 m 冠军；1996 年，参加亚特兰大奥运会，获男子 10 000 m 冠军；1999 年，参加塞维利亚世锦赛，获男子 10 000 m 冠军；同年，参加雅典室内田径锦标赛，获男子 10 000 m 冠军；2000 年，参加悉尼奥运会，获男子 10 000 m 冠军；2001 年，参加塞维利亚世锦赛，获男子 10 000 m 第三名；2002 年，打破男子 10 km 公路赛世界纪录；2006—2009 年，参加柏林马拉松，蝉联四届冠军，成为世界上第一个马拉松跑进 2.4 h 大关的人；2008—2010 年，参加迪拜马拉松，蝉联三届冠军。他还是第一位5 000 m 跑进 13 min、10 000 m 跑进 27 min 的选手。他获得无数荣誉，1998 年，荣膺第 18届杰西·欧文斯奖，当选国际田联年度最佳男运动员；2001 年，被国际奥林匹克委员会授予奥林匹克勋章。格布雷西拉西耶在其职业生涯中共打破 25 次世界纪录，"长跑之王"的头衔当之无愧。

2016 年 10 月 5 日，格布雷西拉西耶被国际马拉松和公路跑协会（Association of International Marathons and Distance Races，AIMS）授予终身成就奖。AIMS 在写给他的荣誉词中说："我们很荣幸能够对海尔个人的成就以及他对马拉松比赛无与伦比的贡献进行表彰。他的成功对整个非洲以及全世界的人们都是一种巨大的精神鼓励。他对长跑事业的奉献精神值得我们追随。"

10.5 小 结

需求开发完成之后，将形成需求基线供开发人员使用，同时，将开始需求管理工作。本章讨论了需求基线及需求管理事项，后者包括版本控制、属性管理、状态跟踪、范围抑制等。本章还详细地阐述了需求变更的流程及注意事项。

> 像这个飞速变化的世界一样，随着时间的推移，软件需求不可避免地会发生变化，重要的是不要惧怕变化，适应变化、拥抱变化才是正确的做法，因为人生本就是一场马拉松。

10.6 习 题

1. 为什么要执行需求管理？
2. 需求管理的主要任务有哪些？
3. 什么是需求基线？需求基线有哪些特征？
4. 状态跟踪的作用是什么？
5. 一个有效的变更控制过程应该包括哪些步骤？

第10章 习题答案

参 考 文 献

[1] 徐峰. 软件需求最佳实践——SERU 过程框架原理与应用[M]. 北京：电子工业出版社，2013.

[2] WIEGERS K，BEATTY J. 软件需求[M]. 3 版. 李忠利，李淳，霍金健，等，译. 北京：清华大学出版社，2016.

[3] 徐峰. 有效需求分析[M]. 北京：电子工业出版社，2017.

[4] CARKENORD B A. 七步掌握业务分析[M]. 朱庆，蒋慧，甄进明，译. 北京：电子工业出版社，2010.

[5] 骆斌，丁二玉. 需求工程——软件建模与分析[M]. 2 版. 北京：高等教育出版社，2015.

[6] 蔡维德，金芝. 关于需求工程发展历程的讨论（上）[J]. 中国计算机学会通讯，2007，3（10）：61-69.

[7] 蔡维德，金芝. 关于需求工程发展历程的讨论（下）[J]. 中国计算机学会通讯，2007，3（11）：60-71.

[8] 林语堂. 苏东坡传[M]. 长沙：湖南文艺出版社，2016.

[9] 李一冰. 苏东坡新传[M]. 成都：四川人民出版社，2020.

[10] 徐霞客. 徐霞客游记[M]. 北京：中华书局，2015.

[11] 王守仁. 传习录译注[M]. 王晓昕，译. 北京：中华书局，2018.

[12] 度阴山. 知行合一王阳明[M]. 南京：江苏凤凰文艺出版社，2021.